新一代防火墙应用实践

莫裕清　著

汕頭大學出版社

图书在版编目（CIP）数据

新一代防火墙应用实践 / 莫裕清著. -- 汕头 ： 汕
头大学出版社，2023.9
ISBN 978-7-5658-5167-4

Ⅰ．①新… Ⅱ．①莫… Ⅲ．①防火墙技术 Ⅳ.
①TP393.082

中国国家版本馆CIP数据核字(2023)第215100号

新一代防火墙应用实践
XINYIDAI FANGHUOQIANG YINGYONG SHIJIAN

作　　者：莫裕清
责任编辑：黄洁玲
责任技编：黄东生
封面设计：瑞天书刊
出版发行：汕头大学出版社
　　　　　广东省汕头市大学路 243 号汕头大学校园内　　邮政编码：515063
电　　话：0754-82904613
印　　刷：廊坊市海涛印刷有限公司
开　　本：710 mm×1000 mm　1/16
印　　张：11.5
字　　数：173 千字
版　　次：2023 年 9 月第 1 版
印　　次：2024 年 1 月第 1 次印刷
定　　价：68.00 元
ISBN 978-7-5658-5167-4

前　言

防火墙是一种网络安全防御工具，常用的有软件防火墙和硬件防火墙，其主要作用是对数据包进行安全过滤，以保护需要保护的网络。软件防火墙是指安装在操作系统上内置防火墙，可以通过配置安全规则过滤外部流量到操作系统的数据包，以保护操作系统自身的安全；硬件防火墙一般放置在网络边界处，以防止外部网络对内网的网络攻击行为，需要在硬件防火墙上做好安全策略和其他功能设置。硬件防火墙功能比软件防火墙功能强，要实现其特有功能，需要熟悉该防火墙功能特征，并熟练地在防火墙上做好配置，以达到安全防御的目的。

华为 USG6000V 是一款典型的 USG 系列防火墙，具有新一代防火墙功能特征，它有对应的系统文件，可以在 ensp 模拟器中导入相应的系统文件，对该防火墙进行配置，其功能特征具有一定的代表性，可以作为对 USG 系列防火墙的研究使用。

根据 USG6000V 对应功能的组网图，在 ensp 模拟器中设计对应拓扑图，进行配置测试，以全面掌握对 USG 系列防火墙的配置和使用。根据其功能特征，重点研究该防火墙上配置安全策略的配置、NAT 策略、IPSec VPN、L2TP VPN、GRE VPN、双机热备和虚拟系统等核心内容，研究内容注重理论原理的阐述，同时注重内容的实践性、可操作性和易理解性，因此适合研究人员对 USG 防火墙的研究，更适合技术人员对 USG 系列防火墙的配置使用，是集研究、教学和实践于一体的一部著作。

编著工作内容来源于本人教学与实践，在此要感谢单位同事和家人给予的工作支持，才得以较好地完成本著作，由于时间仓促，书中个别地方可能存在一定技术和技能上的提升，难免存在不足，欢迎读者批评指正。来信交流邮箱为 moyuqing@mail.hniu.cn。

编者　莫裕清

2023 年 5 月 19 日

目　录

第1章　防火墙概述

1.1　防火墙定义

在国家标准 GB/T 20281-2020《信息安全技术　防火墙安全技术要求和测试评价方法》文件中规定，防火墙是对经过的数据流进行解析，并实现访问控制及安全防护功能的网络安全产品。在逻辑上，防火墙是一个分离器、一个限制器，也是一个分析器，能有效地监控流经防火墙的数据，保证内部网络和 DMZ 服务器区的安全。

防火墙可以是软件、硬件或软硬件的组合。不管什么种类的防火墙，采用何种技术手段，其本质是一种访问机制。防火墙具有三个方面的基本特性：一是内部网络和外部网络之间的所有数据流都必须经过防火墙；二是能根据网络安全策略控制允许、拒绝或监测出入网络的信息流；三是防火墙自身具有较强的网络抗攻击能力，本身不会影响数据的流通。

1.2　防火墙基本功能

1.2.1 网络体系结构

一个典型的网络架构由 Internet 外部网络、内部服务器区和内部普通用户区组成，通常在网络边界处部署防火墙对互联网数据包进行过滤，重点审核互联网到内网的数据包，对内网到互联网的数据包不做过多安全审核。

1.外部网络（Internet）

外部网络包括互联网的主机和网络设备，此区域为防火墙的不可信公共网络，防火墙处于内部网络与外部网络的边界，对外部网络访问内部网络的所有通信按预先设置的规则进行监控、审核和过滤，不符合规则的通信将被拒绝通过，这种类型的防火墙被称为边界防火墙，在企业内部也可用于隔离内部网络，通常称为内部防火墙，比较典型的企业网络架构如图 1-1 所示。边界防火墙位于互联网网络边界处，对从互联网到内部网络或者 DMZ 服务器区的数据包按照安全规则进行过滤，从而保障内部网络和 DMZ 网络的安全性，在内部网络不同 LAN 区域设置内部防火墙进行安全隔离，以保障内部不同 LAN 区域的安全性，防火墙对 Internet 外部网络完全不信任，安全级别数字为 5。

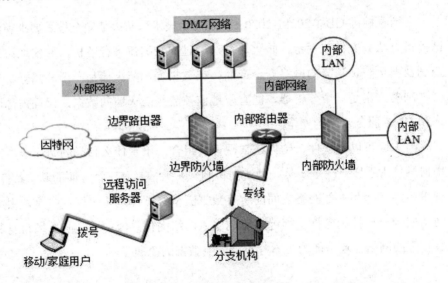

图 1-1 典型企业网络架构

2.服务器区（DMZ 区）

DMZ 区又称为隔离区，或译作非军事区，是从内部网络中划分的一个小区域，专门用于放置既需被内部访问又需提供公众服务的服务器；此区域由于要提供对外服务，互联网用户会访问该安全区域，防火墙对其不是非常信任，安全级别一般为 50。

3.内部网络（trust 区）

内部网络是防火墙要保护的对象，包括内部网络中所有核心设备，如服务器、路由器、核心交换机及用户个人电脑；内部网络有可能包括不同的安全区域，具有不同等级的安全访问权限，防火墙对其信任度较高，其安全级别为 85；内部网络和 DMZ 区都属于内部网络的一部分，但它们的安全级别或策略是不同的。

4.防火墙自身（local 区）

防火墙自身被定义为 local 区域，它对自己完全信任，因此防火墙对该区域的安全级别为 100。

1.2.2　防火墙类型及功能

1.边界防火墙

边界防火墙一般部署在外部不可信网络（包括因特网、广域网和其他公司的专用网）与内部可信网络之间，控制来自外部不可信网络对内部可信网络的访问，过滤来自外部网络访问的数据包，防范来自外部网络的非法攻击，保证了内部网络及内部 DMZ 区服务器的相对安全性和使用便利性。它的基本功能一般包括过滤协议、做好网络安全屏障、隔离不同网络、防止内部信息的外泄、强化安全策略以及有效地审计和记录内外部网络上的活动。

2.内部防火墙

内部防火墙一般部署在内部网络，在内部网络之间进行隔离，以防护内部局域网的安全性，实现内网关键部门、子网或用户隔离的目的。其基本功能包括如下三个方面。

（1）可以精确制订每个用户的访问权限，保证内部网络用户只能访问必要的资源；

（2）内部防火墙可以记录网段间的访问信息，及时发现误操作和来自内部网络其他网段的攻击行为；

（3）通过集中的安全策略管理，使每个网段上的主机不必再单独设立安全策略，降低了人为因素导致产生网络安全问题的可能性。

1.3 防火墙基本结构

1.3.1 屏蔽路由器防火墙

屏蔽路由器防火墙在原有的包过滤路由器上进行包过滤部署，又称为包过滤路由器防火墙，典型的屏蔽路由器防火墙结构如图 1-2 所示。在屏蔽路由器防火墙结构中，内部网络的所有出入都必须通过过滤路由器，路由器防火墙审核每个数据包，依据过滤规则决定允许或拒绝数据包。

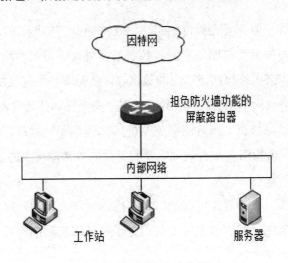

图 1-2　屏蔽路由防火墙

1.3.2 双宿主堡垒主机防火墙

一台特殊主机连接在互联网和内网之间，用来承担对内部网络的安全防护，这台主机也被称为堡垒主机，这台主机拥有两个不同的网络接口，一个接口连接外部网络，另一个接口连接需要保护的内部网络，故称为双宿主堡垒主机，其结构优于屏蔽路由器，如图 1-3 所示。

双宿主堡垒主机防火墙最大特点是 IP 层的通信被阻止，两个网络间的通信是靠应用层数据共享或应用层代理服务来实现的。

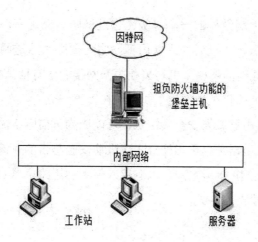

图 1-3 双宿主堡垒主机防火墙

1.3.3 屏蔽主机防火墙

屏蔽主机防火墙由屏蔽路由器和双宿主机组成，是上面第一种和第二种防火墙结构的组合；屏蔽主机防火墙使用一个屏蔽路由器，屏蔽路由器至少有一条路径，分别连接到非信任的网络和堡垒主机上。屏蔽路由器为堡垒主机提供基本的过滤服务，所有的 IP 数据包只有经过路由器过滤后才能到达堡垒主机，如图 1-4 所示。

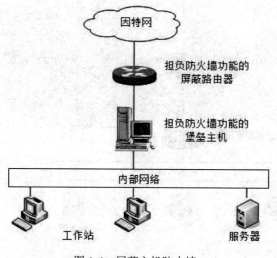

图 1-4 屏蔽主机防火墙

屏蔽主机防火墙结构的安全等级比包过滤防火墙更高，其实现了网络层安全和应用层安全，入侵者在进入内部网络之前必须渗透两种不同的安全系统，外部网络只能访问堡垒主机，去往内部网络的所有信息被阻断。

屏蔽主机防火墙存在的不足主要表现在以下三点。

（1）屏蔽路由器成为安全关键点，可能成为可信网络流量的瓶颈；

（2）屏蔽路由器是否正确配置是防火墙安全与否的关键；

（3）禁止 ICMP 重新定向，以避免入侵者利用路由器对错误 ICMP 重定向消息的应答而攻击网络。

1.3.4 屏蔽子网防火墙

屏蔽子网防火墙使用一个或多个屏蔽路由器和堡垒主机，接入互联网、内网和 DMZ 区（内部网络中专门放置服务器）之间，以保护内网和 DMZ 区的安全，如图 1-5 所示，这是当前应用最广泛的屏蔽子网防火墙结构。

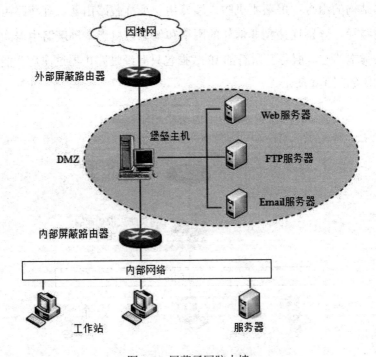

图 1-5 屏蔽子网防火墙

　　屏蔽子网防火墙结构中存在三道防线，外部屏蔽路由器用于管理所有外部网络对 DMZ 的访问，它只允许外部访问堡垒主机或 DMZ 中对外开放的服务器，并防范来自外部的网络攻击。

　　内部屏蔽路由器位于 DMZ 与内部网络之间，提供第三层防御，它只接收来自堡垒主机的数据包，管理 DMZ 到内部网络的访问，只允许内部网络访问 DMZ 网络中的堡垒主机或服务器。

　　屏蔽子网防火墙存在的不足主要表现在：成本相对前面几种要高，堡垒主机的配置更加复杂。

1.4　防火墙分类

1.4.1　按防火墙的物理特性分类

　　按防火墙物理特性来分：分为硬件防火墙和软件防火墙，其中硬件防火墙属于硬件产品，通过少数接口，连接内、外部网络，通常有一种部署在互联网和内网之间的边界防火墙，用来防御外部网络的攻击，以保护内部网络的安全；软件防火墙一般部署在操作系统上，由程序代码编译生成，属于纯软件防火墙，有时候也称为"个人防火墙"。

1.4.2　按防火墙的技术分类

　　按防火墙技术分类：分为包过滤型防火墙、应用代理型防火墙。

　　1.包过滤(Packet filtering)型防火墙

　　包过滤型防火墙工作在网络层和传输层，根据数据包头源地址、目的地址、端口号和协议类型等标志确定是否允许该数据包通过，只有满足过滤条件的数据包才被转发到相应的目的地，其余数据包则在数据流中被丢弃。

　　2.应用代理(Application Proxy)型防火墙

　　应用代理型防火墙工作在应用层，完全"阻隔"了网络通信流，通过对每种应用服务编制专门的代理程序，实现监视和控制应用层通信流的作用。它突出的优点是安全，由于它工作在最高层，所以它可以对网络中任何一层数据通信进行筛选保护。

采用代理机制，可以为每一种应用服务建立一个专门的代理，内外部网络之间的通信不是直接的，需要先经过代理服务器审核，通过后再由代理服务器代为连接，根本没有给内、外部网络计算机任何直接会话的机会，从而避免了入侵者使用数据驱动类型的攻击方式入侵内部网络，以完成内部网络的保护。

1.4.3 按防火墙的应用部署分类

按防火墙的应用部署分为边界防火墙、混合防火墙和个人防火墙。

1.边界防火墙

边界防火墙部署在内、外部网络边界处，用于隔离内外部网络，专门用来保护内部网络的安全。

2.混合防火墙

混合防火墙是一套防火墙系统，由若干个软、硬件组件组成，分布于内、外部网络边界和内部各主机之间，既对内、外部网络之间的通信进行过滤，又对网络内部各主机间的通信进行过滤。

3.个人防火墙

个人防火墙就是常说的软件防火墙，主要安装在操作系统上，一般集操作系统于一体，通过部署该防火墙实现对操作系统进行安全防护。

1.4.4 按防火墙的性能分类

按防火墙的性能分类，分为百兆级防火墙和千兆级防火墙，防火墙的通道带宽或者吞吐决定了带宽和性能，通道带宽越宽，其性能越高。

1.5 新一代防火墙技术的必然性

随着互联网的发展及传统防火墙存在的一些无法解决的缺陷，促生了新一代防火墙。

1.5.1 网络发展的趋势让传统防火墙方案失效

网络中大量的新应用建立在 HTTP/HTTPS 标准协议之上，许多威胁依附在应用之中肆虐传播，据 Gartner 报告统计 75%的攻击来自应用层，网络攻击呈现多样化和黑客平民化。

1.5.2 传统的防火墙存在的缺陷

传统的防火墙十基于包头信息做检测的，无法分辨应用及其内容，也不能区分用户，更无法分析记录用户的行为。

1.5.3 "补丁式"设备堆叠的防火墙替代方案

为了解决传统防火墙存在的缺陷问题，采用了各种应对方案，常见的有"补丁式"设备堆叠的防火墙替代方案，这种类似方案带来了更多的问题，如呈现出多种设备堆砌，投资高，功能上有重合；设备多、线路多和维护成本高；效率低，数据包文要反复封装发送，效率低，就像机场安检总排长队一样；独立管理，维护复杂，安全风险无法分析等。

1.5.4 UTM（安全网关）统一威胁管理的不足

缺乏对 WEB 服务器的有效防护,多次拆封数据包使得 UTM 性能和效率下降。

为了解决随着互联网发展，各种网络防御存在的缺陷，著名市场分析咨询机构 Gartner 于 2009 年发布了一份名为《Defining the Next-Generation

Firewall》的文档提出了新一代防火墙（NGFW）的定义。

新一代防火墙具有的各项功能特征有效地解决了以上问题，在 Gartner 的文档中指出，新一代防火墙必须要拥有传统防火墙所提供的所有功能，支持与防火墙自动联动的集成化 IPS，根据识别库能进行可视化应用识别、控制，智能化防火墙，当防火墙检测到攻击行为时自动添加安全策略，高性能、高可用性及可扩展到万兆平台，新一代防火墙功能特征，如图 1-6 所示。

图 1-6　新一代防火墙功能特征

1.6　华为 USG6000V 防火墙

1.6.1 华为 USG6000V 防火墙概述

华为 USG6000V（Universal Service Gateway）是基于 NFV 架构的虚拟综合业务网关，虚拟资源利用率高，资源虚拟化技术支持大量多租户共同使用[1]。产品具备丰富的网关业务能力，对来自外部网络的数据包按照规则进行过滤，能够有效拦截外部网络直接攻击；产品具有网络地址转换（NAT）、VPN、双机热备、虚拟系统等功能，具有入侵防御功能，内置病毒特征库，能够实时更新病毒库，有效地防护常见的病毒，并对一些流量攻击具有清洗作用。可根据用户业务需求，按需灵活部署。

USG6000V 系列虚拟综合业务网关兼容多种主流虚拟化平台，提供标准的 API 接口，可以与华为 FusionSphere 云平台、Agile Controller 控制器以及开源的 Openstack 平台共同构成开放的 SDN 数据中心解决方案。USG6000V 可以与传统硬件设备统一被 Agile Controller 控制器进行管理，构建统一的智能化云安全平台，实现业务灵活定制，资源弹性扩缩，网络可视化管理，满足企业业务快速上线、变化频繁，运维简单、高效等诉求[1]。

USG6000V 可以使用 telnet、conslne 口直连等方式访问，在没有真机的情况下可以在 ensp 模拟器中导入其系统文件，在模拟器中通过命令或使用 Web 页面访问该防火墙，模拟配置和管理 USG6000V 防火墙。

1.6.2 Web 页面访问 ensp 模拟器中 USG6000V

1.下载并安装 ensp 模拟器

查找防火墙 USG6000V 系统安装包，请到网上查找 "eNSP 1.3.00.100..." 系统安装包并下载，下载链接地址：

（1）网盘下载：https://pan1.baidu2.com/s/11-RkO7P-dNWawvGCF8Az8w；

（2）提取码：bqzx。

在安装 ensp 之前需要安装 WinPcap_4_1_3.exe、Wireshark-win64-4.0.3.exe 和 VirtualBox-5.2.44-139111-Win.exe，如果没有安装系统会有相应提示。

2.ensp 模拟器中启动 USG6000V

安装完成 ensp 后，在 ensp 模拟器中启动 USG6000V，需要加载 USG6000V 的系统文件 vfw_usg.vdi，启动该防火墙时，根据提示导入其系统文件，然后再次启动该防火墙，启动时需要等待 "#####" 进度条刷新 3~4 行，自动停止后进入登录提示窗口（如图 1-7 所示），输入出厂登录用户 admin，密码 Admin@123，登录防火墙。

初次登录系统，需修改密码，根据提示先输入一次旧密码 Admin@123，然后两次重复输入新设密码，进入 USG6000V 访问页面，如图 1-8 所示。在提示符下输入 "undo terminal monitor" 关闭自动弹出的日志消息。

<USG6000V1>undo terminal monitor

Info: Current terminal monitor is off.

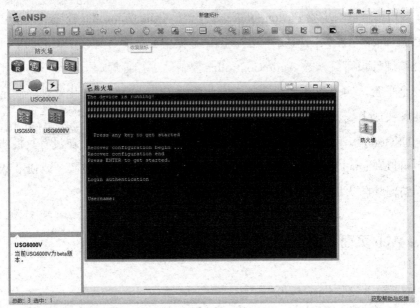

图 1-7 启动防火墙

图 1-8 登录防火墙

3.设置 Web 页面访问防火墙

（1）启动 g0/0/0 接口 https 服务

输入 sys 进入视图模式，进入接口 g0/0/0，启动 web 页面访问的 https 服务，查看接口信息设置情况，如图 1-9 所示。

```
<USG6000V1>sys
Enter system view, return user view with Ctrl+Z.
[USG6000V1]interface g0/0/0
[USG6000V1-GigabitEthernet0/0/0]service-manage https permit
[USG6000V1-GigabitEthernet0/0/0]display this
2023-04-14 02:43:11.270
#
interface GigabitEthernet0/0/0
 undo shutdown
 ip binding vpn-instance default
 ip address 192.168.0.1 255.255.255.0
 alias GE0/METH
 service-manage https permit
```

图 1-9　启动 g0/0/0 接口的 https 服务

（2）部署云朵

在物理机上选择一个网卡设置其 IP 地址与防火墙 g0/0/0 口的 IP 地址在同一个网段，然后在 ensp 模拟器中添加云朵，用鼠标选中云朵，单击鼠标右键，选择设置，在云朵中添加 UDP 和物理机上与 g0/0/0 同网段网卡，具体设置如图 1-10 所示。然后将防火墙的 g0/0/0 口连接到云朵。

注意：必须先在物理机上设置网卡的 IP 地址再添加云朵，否则云朵将检测不到该网卡更新的 IP 地址信息。

如果云朵检测不到网卡，请检查 WinPcap 安装包是否安装正确，或者卸载后重新进行安装。

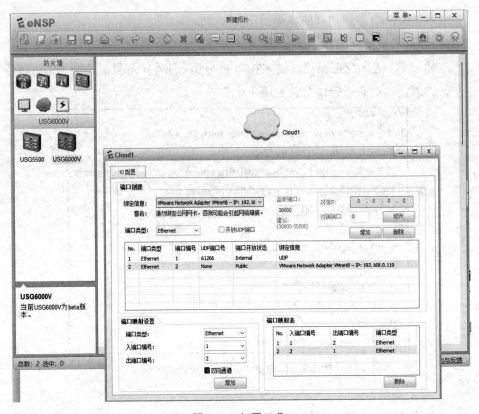

图 1-10　部署云朵

（3）Web 页面访问防火墙

在物理机浏览器中输入 https://192.168.0.1:8443，打开防火墙的 Web 访问页面，在页面登录窗口中输入用户 admin 和新修改的密码，进入防火墙图形访问界面，如图 1-11 所示。

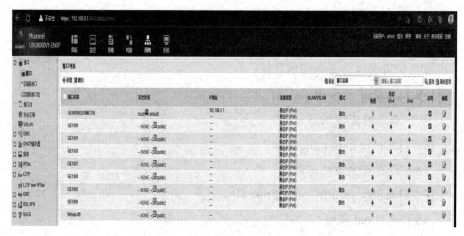

图 1-11　Web 页面访问防火墙

1.6.3 USG6000V 通用命令

（1）关闭自动弹出日志消息：

<USG6000V>undo terminal monitor

（2）对防火墙的很多命令操作需要进入到视图模式才得以执行，使用 sys
命令进入到防火墙视图模式：

<USG6000V>sys

（3）修改防火墙名称为 FW1：

[USG6000V1]sysname FW1

[FW1]

（4）查看防火墙接口 IP 等信息：

[FW1]display ip interface brief

（5）进入接口 g0/0/0，修改 IP 地址为 192.168.0.2/24，启动 https 服务，
查看当前信息：

[FW1]interface g0/0/0

[FW1-GigabitEthernet0/0/0]ip address 192.168.0.2 24

[FW1-GigabitEthernet0/0/0]service-manage https permit

[FW1-GigabitEthernet0/0/0]display this

（6）查看防火墙会话信息：

[FW1]display firewall session table

或查看防火墙会话详细信息：

[FW1]display firewall session table verbose

（7）查看路由表信息：

[FW1]display ip routing-table

（8）查看安全策略：

[FW1]display security-policy rule all

（9）查看 nat 策略：

[FW1]display nat-policy rule all

（10）回退到上一级：

[FW1-policy-security]quit

[FW1]

（11）新建用户 myq，并设置密码和安全级别为 15：

[FW1]aaa

[FW1-aaa]manager-user myq

[FW1-aaa-manager-user-myq]password

Enter Password:

Confirm Password:

[FW1-aaa-manager-user-myq]level 15

（12）退出防火墙视图模式，然后输入 save 命令，保存防火墙上执行的所有操作：

<FW1>save

第 2 章　防火墙安全策略

　　防火墙安全策略是在防火墙上检测并过滤数据包的规则，也是防火墙处理数据包的依据，通常需要根据企业安全要求在防火墙上创建安全策略，以是否满足策略需求来阻断或者丢弃具有安全威胁的数据包，从而保证安全的数据包通行。老一代防火墙常用的数据包检测使用逐包检测过滤技术,基于包过滤技术的缺陷，在新一代防火墙上设置了数据包状态检测机制，建立首包会话，后续包根据是否有首包会话信息，确定后续包在防火墙上是否放行。

2.1 包过滤技术

2.1.1 包过滤技术的定义

　　包过滤又称为"报文过滤"，就是对通信过程中的数据进行过滤(又称筛选)，使符合事先规定的安全规则(或称"安全策略")数据包通过，而丢弃那些不符合安全规则的数据包。

2.1.2 包过滤原理

　　包过滤防火墙工作在网络层和传输层，根据通过防火墙每个数据包的首部信息，如源 IP 地址、目的 IP 地址、协议类型（TCP、UDP、ICMP）、源端口、目的端口、数据包传递的方向等信息，判断该数据包是否符合安全规则，以此来决定对数据包的操作（丢弃或转发）。大多数包过滤型防火墙是针对性地分析数据包信息头的部分域。

2.1.3 包过滤规则表（包过滤访问控制列表 ACL）

包过滤规则表定义了什么包可以通过防火墙，什么包必须丢弃，这些规则通常称为数据包过滤访问控制列表（ACL）；当数据流进入包过滤防火墙后，防火墙检查数据包的相关信息，从上至下逐条扫描过滤规则，匹配成功按照规则设定的动作（允许或拒绝）执行，不再匹配后续规则，在访问控制列表中规则的出现顺序是很重要的，ACL 规则表如表 2-1 所示。

表 2-1　ACL 规则表

序号	源IP	目的IP	协议	源端口	目的端口	标志位	操作
1	私网地址	公网地址	TCP	任意	80	任意	允许
2	公网地址	私网地址	TCP	80	>1023	ACK	允许
3	any	any	any	any	any	any	拒绝

2.1.4 包过滤规则表 ACL 内容

包过滤规则表 ACL 包含的内容有规则执行的顺序、源 IP 地址、目的 IP 地址、协议类型（如 TCP、UDP、ICMP、IGMP 等）、源端口、目的端口、TCP 包头的标志位（如 ACK、SYN、FIN、RST）、数据的流向（进或出）、对数据包的操作（允许或拒绝）。

包过滤防火墙规则中阻止某些类型的内部网络数据包进入外部网，特别是那些用于建立局域网和提供内部网通信服务的各种协议数据包，如源地址是内部地址的外来数据包、指定中转路由器的数据包和有效载荷很小的数据包。

1.包过滤示例一

通过部署包过滤防火墙将内部网络和外部网络分隔开，配置过滤规则，仅开通内部主机对外部 Web 服务器的访问，并分析该规则表存在的问题。

包过滤处理这种情况只能将客户端动态分配端口的区域全部打开(1024—65535)，才能满足正常通信的需要，而不能根据每一连接的情况，开放实际使用的端口。

包过滤防火墙不论是对待有连接的 TCP 协议，还是无连接的 UDP 协议，都以单个数据包为单位进行处理，对数据传输的状态并不关心，因而传统包过滤又称为无状态包过滤，它对基于应用层的网络入侵无能为力。

2.包过滤示例二

包过滤防火墙对于 TCP ACK 隐蔽扫描的处理分析，攻击者直接发一个 ACK 包（没有 SYN），由于包过滤防火墙没有状态的概念，防火墙将认为这个包是已建立连接的一部分，并让它通过(如果根据 ACL 规则表的过滤规则，ACK 置位，但目的端口≤1023 的数据包将被丢弃)到达内网主机，内网主机认为包有问题，若端口开放，便返回一个 RST 包拒绝 TCP 连接；通过图 2-1 中示意的 TCP ACK 扫描，攻击者穿越了防火墙进行探测，并且获知端口 1024 是开放的。为了阻止这样的攻击，防火墙需要记住已经存在的 TCP 连接，这样它将知道 ACK 扫描是非法连接的一部分。

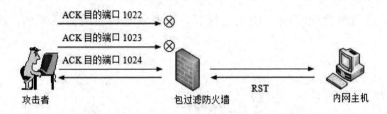

图 2-1　TCP 三次握手（ACK 首发）伪装攻击

2.1.5 包过滤的优点

包过滤的优点有处理速度快，效率高；对安全要求低的网络利用路由器的防火墙功能即可实现，无需添加其他设备；包过滤对于用户层来说是透明的，用户的应用层不受影响。

2.1.6 包过滤的缺点

无法阻止 IP 欺骗，黑客可以在网络上伪造 IP 地址、路由信息等来欺骗防火墙；对路由器中过滤规则的设置和配置十分复杂，涉及规则逻辑的一致性、作用端口的有效性和规则集的正确性，一般的网络管理员难以胜任，而且一旦出现新的协议，管理员需要加上更多的规则去限制；不支持应用层协议，无法发现应用层的攻击，如各种恶意代码的攻击；不支持用户认证，只判断数据包来自哪台机器，不判断来自哪个用户；由于缺少上下文关联信息，不能有效地过滤如 UDP、RPC、Telnet 一类的协议和处理动态端口连接。

2.2 状态检测机制

会话是状态检测防火墙的基础，每一个通过防火墙的数据流都会在防火墙上建立一个会话表项，以五元组（源目的 IP 地址、源目的端口、协议号）为 Key 值，通过建立动态的会话表提供域间转发数据流更高的安全性。会话表包括 5 个元素，即源 IP 地址、源端口、目的 IP 地址、目的端口、协议，如图 2-2 所示。Client 主机要向 Server 服务器发送数据包，会在防火墙上创建首包会话表，记录发送基于 TCP 协议的数据包，其源 IP 地址为 192.168.1.1、目的地址为 1.1.1.1、源端口为 20000、目的端口为 23，Server 服务器端在收到数据包后回包直接检查防火墙上会话表，检查到有相应的会话表项，数据包放行。

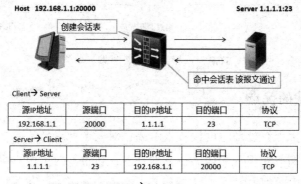

图 2-2　数据包状态检测

状态检测机制开启状态下，只有首包通过设备才能建立会话表项，后续包直接匹配会话表项进行转发。状态检测机制关闭状态下，即使首包没有经过设备，后续包只要通过设备也可以生成会话表项。

2.2.1 对于 TCP 报文

开启状态检测机制时，首包（SYN 报文）建立会话表项。对除 SYN 报文外的其他报文，如果没有对应会话表项（设备没有收到 SYN 报文或者会话表项已老化），则予以丢弃，也不会建立会话表项。

关闭状态检测机制时，任何格式的报文在没有对应会话表项的情况下，只要通过各项安全机制的检查，都可以为其建立会话表项。

2.2.2 对于 UDP 报文

UDP 是基于无连接的通信，任何 UDP 格式的报文在没有对应会话表项的情况下，只要通过各项安全机制的检查，都可以为其建立会话表项。

2.2.3 对于 ICMP 报文

开启状态检测机制时，没有对应会话的 ICMP 应答报文将被丢弃，关闭状态检测机制时，没有对应会话的应答报文以首包形式处理。

2.2.4 查看会话表信息

<USG>display firewall session table verbose

Current total sessions：1

icmp VPN:public-->public

Zone:trust-->untrust S1ot：8 CPU:0 TTL:00:00:20 Left:00:00：19

Interface: GigabitEthernet6/0/0 Nexthop:107.255.255.10

<--packets:134 bytes:8040-->packets:134 bytes:8040

107.229.15.100: 1280-->107.228.10.100:2048

命令及参数说明：

（1）display firewall session table [verbose]:用来显示系统当前的会话表项信息，verbose 参数来控制是否显示详细的信息；

（2）icmp:表示会话表的应用类型为 ICMP 协议；

（3）trust->untrust:表示从 Trust 区域到 Untrust 区域方向的流量建立的会话；

（4）Interface:表示流量的入接口；

（5）Nexthop:表示流量的下一跳地址；

（6）<-packets:表示反向报文命中的会话数，即从 Untrust 到 Trust 方向的

报文数；

通常情况下，在 NAT 或 VPN 应用中，反向会话的报文统计数通常会有延时；

（7）->packets:表示正向报文命中的会话数，即从 Trust 到 Untrust 方向的报文数；

（8）107.229.15.100:1280:表示源 IP 地址和源端口；

（9）107.228.10.100:2048:表示目的 IP 地址和目的端口；

（10）<USG>reset firewall session table：清除系统当前会话表项。Reset Session 表项操作得谨慎，因为会导致在运行业务中断。

2.3 防火墙安全策略

2.3.1 安全策略定义

安全策略是按一定规则检查数据流是否可以通过防火墙的基本安全控制机制，规则的本质是包过滤。其主要应用在对跨防火墙的网络互访进行控制及对设备本身的访问进行控制，对满足安全策略的数据包放行，过滤不满足安全策略的数据包。如图 2-3 所示，在防火墙上创建规则 1，允许 192.168.1.1 的数据包从 trust 区域到 untrust 区域；创建规则 2，不允许 192.168.1.2 的数据包从 trust 区域到 untrust 区域；两条规则是按照顺序执行的，对来自 192.168.1.0/24 网段的数据放行，对来自 192.168.1.2 主机的数据包进行过滤。

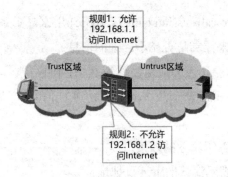

图 2-3　防火墙规则

2.3.2 防火墙安全策略原理

数据包（首包）到达防火墙，首先检查防火墙安全策略表第一条策略是否与数据包有关联，如果有关联，查看该条安全策略（规则）对数据包做何操作，如果是允许操作，数据包放行，如果是拒绝操作，数据包被丢弃；当第一条规则与数据包没有关联，检查第二条，依次下去，直到找到与数据包有关联的安全策略（规则），如果一直没有找到，默认匹配最后一条规则（防火墙默认规则），丢弃数据包。

注意：如果有多条安全策略（规则）与数据包有关联，数据包只会匹配最先找到的那条规则，后面的安全策略（规则）将不再匹配执行。

如图 2-4 所示，入数据包 BBAABBBAAAA 流经防火墙，防火墙上 Policy0 规则允许 A 包通过，Policy1 规则允许 B 包通过，经过防火墙过滤之后，在防火墙出口处数据包 B 都被丢弃，输出数据包变成了"AA　AAAA"。

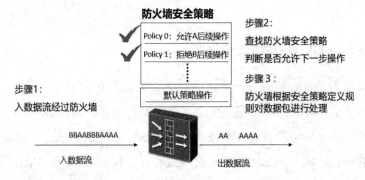

图 2-4　包过滤

在新一代防火墙上执行状态检测机制，并不会像以前的包过滤技术，逐包检测，而是执行首包检测机制，首包在防火墙上建立会话，如果是首包的回包，回包只会检查会话表，不再进行安全策略匹配检查，如果与会话表匹配，进入常规的安全性检查，并刷新会话表，将回包信息加入到会话表，然后转发报文，如图 2-5 所示。

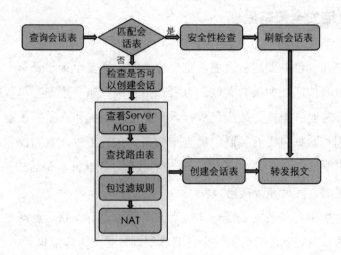

图 2-5　查询创建会话表

2.4 部署防火墙安全策略

2.4.1 USG6000V 防火墙安全区域

防火墙为了较好地进行安全防护，防火墙将自身识别为信任区、互联网识别为不安全区域、内网识别为安全区域、服务器区识别为 DMZ 非军事区。USG6000V 防火墙中默认有 4 个安全区域 local、untrust、trust、DMZ 分别对应上面的防护区域，USG6000V 防火墙最多可以有 32 个安全区域，其安全级别分别为 local-100、trust-85、DMZ-50、untrust-5。

报文从低级别的安全区域向高级别的安全区域流动时为入方向（inbound），报文从高级别的安全区域向低级别的安全区域流动时为出方向（outbound），报文在安全区域流动时，触发安全检查。

1.USG6000V 防火墙安全区域管理常用命令

（1）显示防火墙会话表

[USG6000V]display firewall session table(会话表中的内容过时防火墙会自动删除)

（2）创建安全区域

[USG6000V]firewall zone name 区域名称

（3）删除安全区域（默认安全区域不能删除）

[USG6000V]undo firewall zone name 区域名称

（4）进入安全区域视图

[USG6000V]firewall zone 区域名称

（5）进入区域间视图

[USG6000V]firewall interzone 区域 1 区域 2

（6）为安全区域添加接口

[USG6000V]add interface 接口类型接口编号

（7）将接口从安全区域中删除

[USG6000V]undo add interface 接口类型接口编号

（8）设置安全区域的优先级

[USG6000V]set priority 数字

2.管理安全策略常用命令

（1）本地 local 区域到 trust 区域安全策略

[USG6000V]security-policy

[USG6000V-security-policy]rule name 规则名

[USG6000V-security-policy-rule-name-规则名]source-zone local

[USG6000V-security-policy-rule-name-规则名]destination-zone trust

[USG6000V-security-policy-rule-name-规则名]source-address IP 地址 mask 子网掩码

[USG6000V-security-policy-rule-name-规则名]action permit

（2）删除规则 m1

[USG6000V-policy-security]undo rule name m1

（3）查看设置的规则

[USG6000V-policy-security]display this

（4）移动规则 m2 到 m1 前面(rule move 规则 1 before[after] 规则 2)

[USG6000V1-policy-security]rule move m2 before m1

（5）trust 区域网段 10.0.2.0 和 10.0.20.0 发往 untrust 区域的数据包放行

[USG6000V]security-policy

[USG6000V-policy-security]rule name tr_to_un

[USG6000V-policy-security]source-zone trust

[USG6000V-policy-security]destination-zone untrust

[USG6000V-policy-security]source-address 10.0.2.0 24

[USG6000V-policy-security]source-address 10.0.20.0 24

[USG6000V-policy-security]action permit

（6）拒绝从 untrust 区域访问 DMZ 目标服务器 10.0.3.3 的 telnet 和 FTP 请求

[USG6000V]security-policy

[USG6000V-policy-security]rule name un_to_dmz

[USG6000V-policy-security-rule-name-un_to_dmz]source-zone untrust

[USG6000V-policy-security-rule-name-un_to_dmz]destination-zone dmz

[USG6000V-policy-security-rule-name-un_to_dmz]destination-address 10.0.3.3 32

[USG6000V-policy-security-rule-name-un_to_dmz]service telnet

[USG6000V-policy-security-rule-name-un_to_dmz]service ftp

[USG6000V-policy-security-rule-name-un_to_dmz]action deny

2.4.2 配置防火墙安全策略示例

某企业内网部署了防火墙，用来隔离内部网络，保障内网之间的安全。防火墙上 trust 区域位于 172.16.10.0 网段，其中主机 PC1 的 IP 地址为 172.16.10.100/24，网关地址为 172.16.10.254；DMZ 区位于 172.17.10.0 网段，其 Server1 服务器的 IP 地址为 172.17.10.100/24，网关地址为 172.17.10.254；untrust 区位于 172.18.10.0 网段，该区域 PC2 的 IP 地址为 172.18.10.100/24，网关地址为 172.18.10.254。防火墙接口 g1/0/0 接入 trust 区域，g1/0/2 接入 DMZ 区域，g1/0/1 接入 untrust 区域，其接口 IP 地址等信息，如图 2-6 所示。

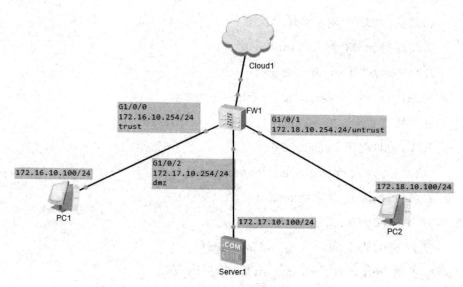

图 2-6　区域间访问网络拓扑图

　　请编辑安全策略，实现 trust 区域访问 untrust 区域，dmz 区访问 untrust 区域，通过 ping 测试。

　　在 ensp 中画出网络拓扑图，如图 2-6 所示，配置命令模式和 Web 页面访问防火墙 FW1，注意图中云朵是为了让外部主机应用浏览器访问模拟器 ensp 中的防火墙 FW1。

　　1.命令模式下访问防火墙 FW1

　　（1）trust 访问 dmz、untrust 配置过程

　　①配置接口 IP 地址

　　进入防火墙 g1/0/0 口，设置 IP 地址为 172.16.10.254/24，进入 g1/0/1 口，设 置 IP 地 址 为 172.18.10.254/24 ，进 入 g/1/0/2 口 ，设 置 IP 地 址 为 172.17.10.254/24。

　　[USG6000V1]interface g1/0/0

　　[USG6000V1-GigabitEthernet1/0/0]ip address 172.16.10.254 24

　　[USG6000V1]interface g1/0/2

　　[USG6000V1-GigabitEthernet1/0/2]ip address 172.17.10.254 24

　　[USG6000V1]interface g1/0/1

　　[USG6000V1-GigabitEthernet1/0/1]ip address 172.18.10.254 24

②将接口加入到对应区域

A.将接口 g1/0/0 加入到 trust 区域

[USG6000V1]firewall zone trust

[USG6000V1-zone-trust]add interface g1/0/0

B.将接口 g1/0/2 加入到 dmz 区域

[USG6000V1]firewall zone dmz

[USG6000V1-zone-dmz]add interface g1/0/2

C.将接口 g1/0/1 加入到 untrust 区域

[USG6000V1]firewall zone untrust

[USG6000V1-zone-untrust]add interface g1/0/1

③配置 trust 访问 dmz、untrust 区域的安全策略

[USG6000V]security-policy

[USG6000V-policy-security]rule name tr-dmz

[USG6000V-policy-security-rule-name-tr-dmz]source-zone trust

[USG6000V-policy-security-rulc-name-tr dmz]destination-zone dmz

[USG6000V-policy-security-rule-name-tr-dmz]destination-zone untrust

[USG6000V-policy-security-rule-name-tr-dmz]source-address 172.16.10.0 mask 255.255.255.0

[USG6000V-policy-security-rule-name-tr-dmz]action permit

④测试 PC1 ping Server1 和 PC2

使用 trust 区域主机 PC1 去 ping DMZ 区的 Server1（IP 地址为 172.17.10.100）和 untrust 区域的主机 PC2（IP 地址为 172.18.10.100），如图 2-7 所示。

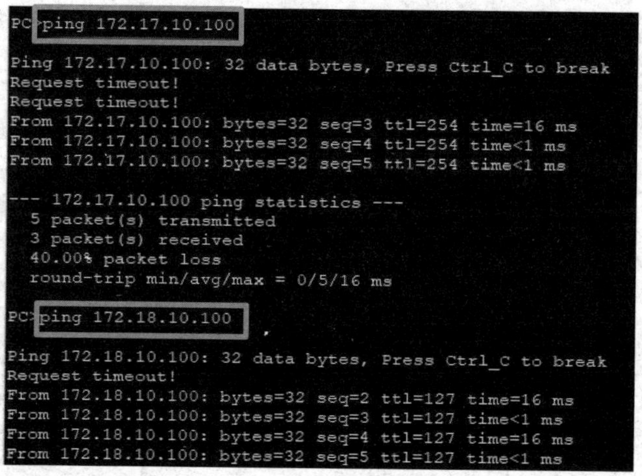

```
PC>ping 172.17.10.100

Ping 172.17.10.100: 32 data bytes, Press Ctrl_C to break
Request timeout!
Request timeout!
From 172.17.10.100: bytes=32 seq=3 ttl=254 time=16 ms
From 172.17.10.100: bytes=32 seq=4 ttl=254 time<1 ms
From 172.17.10.100: bytes=32 seq=5 ttl=254 time<1 ms

--- 172.17.10.100 ping statistics ---
  5 packet(s) transmitted
  3 packet(s) received
  40.00% packet loss
  round-trip min/avg/max = 0/5/16 ms

PC>ping 172.18.10.100

Ping 172.18.10.100: 32 data bytes, Press Ctrl_C to break
Request timeout!
From 172.18.10.100: bytes=32 seq=2 ttl=127 time=16 ms
From 172.18.10.100: bytes=32 seq=3 ttl=127 time<1 ms
From 172.18.10.100: bytes=32 seq=4 ttl=127 time=16 ms
From 172.18.10.100: bytes=32 seq=5 ttl=127 time<1 ms
```

图 2-7　测试

2.Web 界面模式访问防火墙 FW1

（1）配置接口信息

要实现 web 界面能够访问防火墙 FW1，需要在命令模式下登录防火墙 FW1，在防火墙的 GE0/0/0 口上启动 https 服务，命令执行如图 1-9 所示，然后在物理机上用浏览器登录，在地址栏中输入 https://192.168.0.1:8443，进入防火墙 FW1 的 Web 登录界面，之后，首先按照图 2-6 设置接口 IP 地址，并将接口加入到对应的安全区域，如图 2-8 所示。

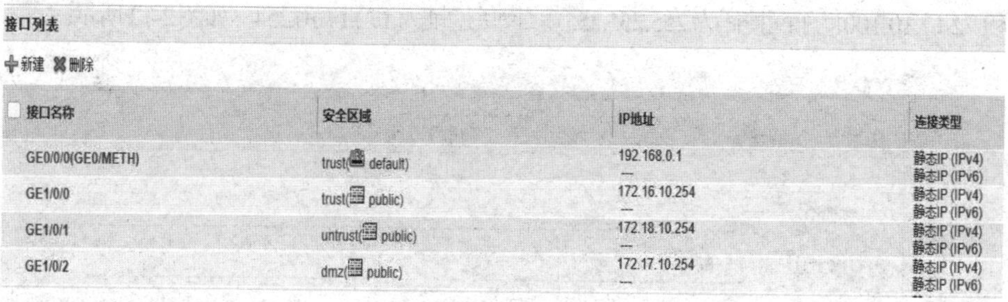

接口列表

新建 删除

接口名称	安全区域	IP地址	连接类型
GE0/0/0(GE0/METH)	trust(default)	192.168.0.1 —	静态IP (IPv4) 静态IP (IPv6)
GE1/0/0	trust(public)	172.16.10.254 —	静态IP (IPv4) 静态IP (IPv6)
GE1/0/1	untrust(public)	172.18.10.254 —	静态IP (IPv4) 静态IP (IPv6)
GE1/0/2	dmz(public)	172.17.10.254 —	静态IP (IPv4) 静态IP (IPv6)

图 2-8　配置接口信息

（2）配置安全策略

配置允许从 trust 到 untrust 区域和 dmz 区域的安全策略，源地址为 172.16.10.0/24，如图 2-9 所示。

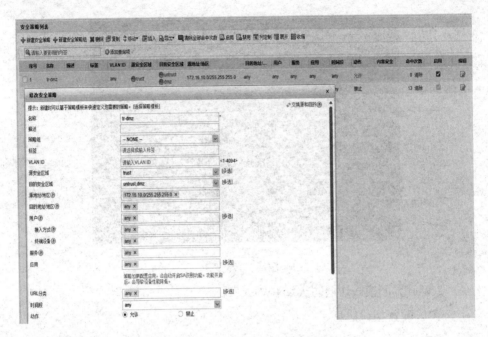

图 2-9　配置安全策略

（3）配置客户端主机 IP 地址

配置 PC1 的 IP 地址为 172.16.10.100，子网掩码为 255.255.255.0，网关地址为 172.16.10.254，如图 2-10 所示。配置 PC2 的 IP 地址为 172.18.10.100，子网掩码为 255.255.255.0，网关地址为 172.18.10.254，如图 2-11 所示。配置 Server 的 IP 地址为 172.17.10.100，子网掩码为255.255.255.0，网关地址为172.17.10.254，如图2-12所示。

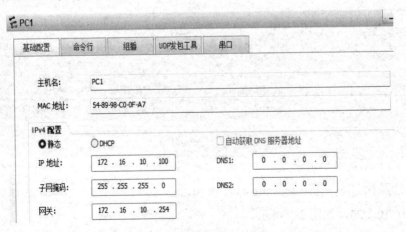

图 2-10　配置 PC1 的 IP 地址

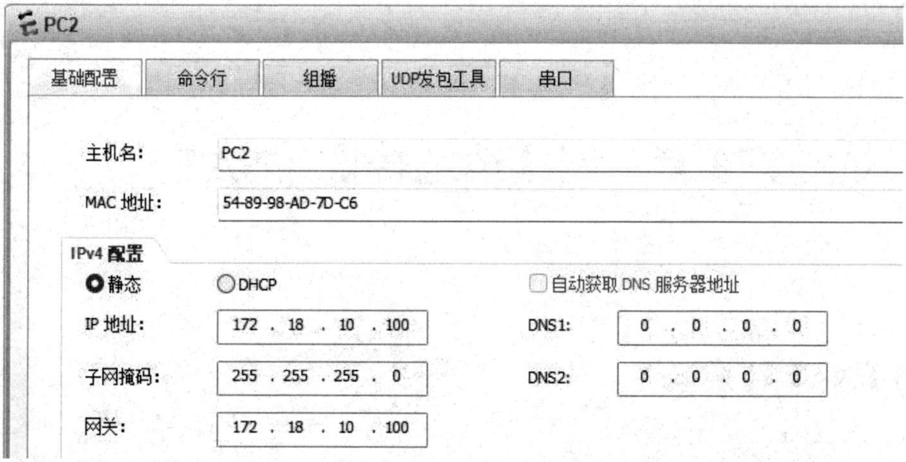

图 2-11　配置 PC2 的 IP 地址

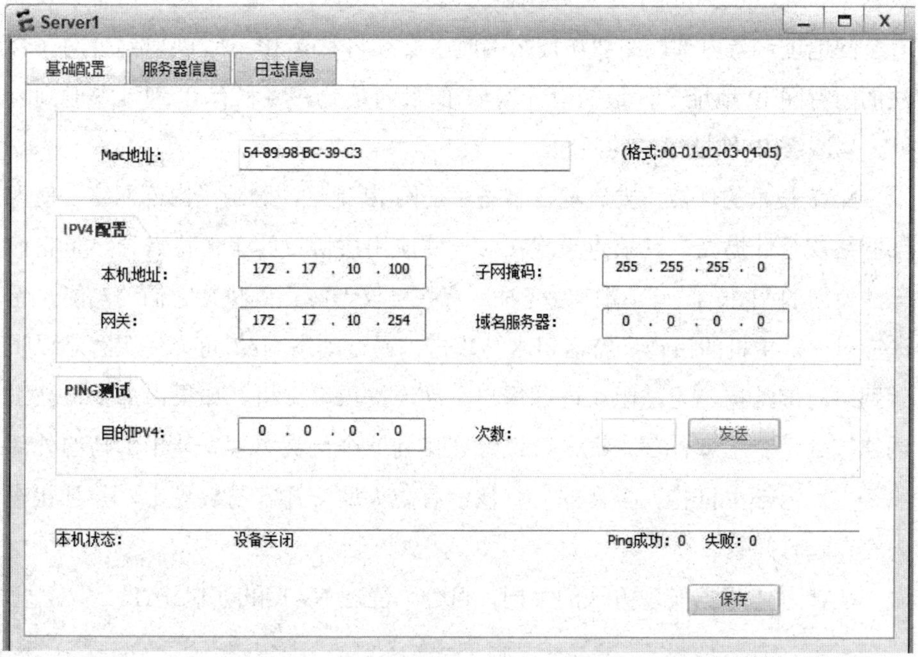

图 2-12　配置 Server1 的 IP 地址

使用 PC1 ping Server1 和 PC2 进行测试，测试结果同命令模式的结果一致，如图 2-7 所示。

第3章　网络地址转换（NAT）

3.1 NAT 转换概述

网络地址转换（Network Address Translation，NAT），也称 IP 地址伪装技术（IP Masquerading）屏蔽路由器防火墙。所有在公网上的网络设备必须拥有公网地址，当内部网络要访问公网时，必须将私有 IP 地址映射到公网（合法的因特网 IP 地址），最初设计 NAT 的目的是允许将私有 IP 地址映射到公网，以减缓 IP 地址短缺的问题。

NAT 技术的优点主要表现在节省了公网 IP 地址，隐蔽了内部网络，使内部网络安全性提高。其缺点表现在对一些应用层协议的工作特点导致了它们无法使用 NAT 技术，当端口改变时，有些协议不能正确执行它们的功能，无法应对内部主机的引诱和特洛伊木马攻击；通过动态 NAT 可以使黑客难以了解网络内部结构，无法阻止内部用户主动连接黑客主机，如果内部主机被引诱连接到一个恶意外部主机上，或者连接到一个已被黑客安装了木马的外部主机上，内部主机将完全暴露，就像没有防火墙一样容易被攻击，并且状态表存在超时问题。

NAT 技术根据实现方法的不同，可分为静态 NAT 和动态 NAT。

3.1.1 静态 NAT 技术

在内网地址和公网地址间建立一对一映射而设计的。静态 NAT 需要内网中的每台主机都拥有一个真实的公网 IP 地址。NAT 网关依赖于指定的内网地址到公网地址之间映射关系来运行。

如图 3-1 所示,内网主机 10.1.1.10 要向外网 202.119.104.10 主机发送消息,数据包首先到达防火墙,防火墙检查是发送到公网上的数据包,然后触发建立 NAT 映射表,将 10.1.1.10 映射为 209.165.201.1,防火墙转发数据包（源 IP 地址为 209.165.201.1,目的地址为 202.119.104.10）,向外网 202.119.104.10 主机发送消息,该主机收到消息后进行应答,防火墙收到应答消息后依据 NAT 映射表,将 202.165.201.1 映射为私网 IP 地址 10.1.1.10,将此数据包转发到内网 10.1.1.10 主机,完成数据包的转换。

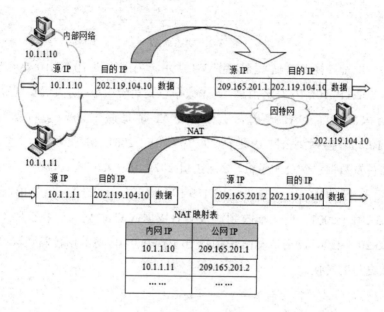

图 3-1　静态 NAT

3.1.2 动态 NAT 技术

实现将一组内网 IP 地址动态映射为公网 IP 地址池中的一个或多个地址,如图 3-2 所示。5 个私网主机对应 3 个公网 IP 地址。动态 NAT 的映射表对网络管理员和用户。

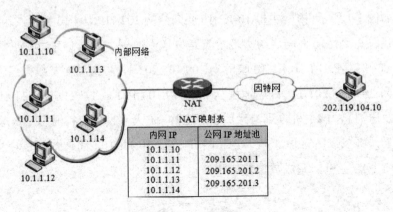

图 3-2　动态 NAT

端口地址转换 PAT 过程，如图 3-3 所示，内网主机 10.1.1.10 要向互联网中主机 202.119.104.10 发送消息，首先数据包到达防火墙，防火墙收到数据包，由于防火墙做了 NAT 映射，会触发 NAT 地址映射表，会将私网地址 10.1.1.10:3001 映射到公网 IP 地址 209.165.201.1:2001，并记录会话状态，然后防火墙转发数据包到公网主机，公网主机 202.119.104.10 收到数据包后进行应答，应答包的源 IP 地址为 202.119.104.10:80，目的主机的 IP 地址为 209.165.201.1:2001，防火墙收到该报文后依据 NAT 映射表，将公网 IP 地址 209.165.201.1:2001 映射成私网 IP 地址 10.1.1.10:3001，将数据转发到该主机上，完成数据包的转换。

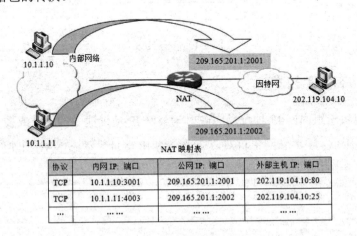

图 3-3　端口地址转换 PAT

3.2　配置 NAT 转换

3.2.1 配置 NAT 转换命令

在 USG6000V 上配置 NAT 转换，需要先配置 NAT 地址池，将可以转换的公网地址放置在地址池中，以便于将私网地址转换为地址池中的公网地址，然后再配置 NAT 策略转换。

1.配置 NAT 地址池

[USG6000V1]nat address-group　组名称

[USG6000V1-address-group-m1]mode pat

[USG6000V1-address-group-m1]route enable

[USG6000V1-address-group-m1]section 0 公网 IP 地址 1 公网 IP 地址 2

2.NAT 策略转换

[USG6000V1]nat-policy

[USG6000V1-policy-nat]rule name 策略名

[USG6000V1-policy-nat-rule-m1-1]source-zone 源区域名

[USG6000V1-policy-nat-rule-m1-1]destination-zone 目的区域名

[USG6000V1-policy-nat-rule-m1-1]source-address 私网地址、子网掩码位数

[USG6000V1-policy-nat-rule-m1-1]service 服务名

[USG6000V1-policy-nat-rule-m1-1]action source-nat address-group 组名称

注意：使用 section 0 能够指定地址组中两个地址，如果有多个地址，需要使用多个 section，如 section 1、section 2 等。

3.2.2 NAT 网络地址转换示例

某企业网络拓扑图如图 3-4 所示，trust 区域内网主机 PC1 需要访问 untrust 区域互联网主机 PC2，DMZ 区服务器 Server1 要访问 untrust 区域互联网主机 PC2，需要在 FW1 防火墙上进行 NAT 地址转换，可以转换为出接口 GE1/0/3 的 IP 地址或者指定的 IP 地址 202.10.20.10（11），以实现访问互联网主机 PC2。

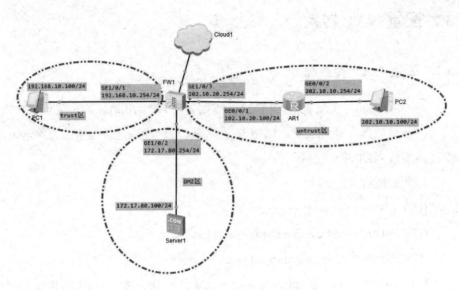

图 3-4 NAT 策略配置网络拓扑图

1.防火墙上配置命令

（1）配置 NAT 地址池

[USG6000V1]nat address-group m1

[USG6000V1-address-group-m1]mode pat

[USG6000V1-address-group-m1]route enable

[USG6000V1-address-group-m1]section 0 202.10.20.10 202.10.20.11

（2）NAT 策略转换[trust-untrust 区域]

[USG6000V1]nat-policy

[USG6000V1-policy-nat]rule name m1-1

[USG6000V1-policy-nat-rule-m1-1]source-zone trust

[USG6000V1-policy-nat-rule-m1-1]destination-zone untrust

[USG6000V1-policy-nat-rule-m1-1]source-address 192.168.10.0 24

[USG6000V1-policy-nat-rule-m1-1]destination-address 202.10.20.0 24

[USG6000V1-policy-nat-rule-m1-1]action source-nat address-group m1

（3）NAT 策略转换[dmz-untrust 区域]

[USG6000V1-policy-nat]rule name m1-2

[USG6000V1-policy-nat-rule-m1-2]source-zone dmz

[USG6000V1-policy-nat-rule-m1-2]destination-zone untrust

[USG6000V1-policy-nat-rule-m1-2]source-address 172.17.80.0 24

[USG6000V1-policy-nat-rule-m1-2]destination-address 202.10.20.0 24

[USG6000V1-policy-nat-rule-m1-2]action source-nat address-group m1

（4）配置安全策略

①命令模式配置

[USG6000V1]security-policy

[USG6000V1-security-policy]rule name tr-untr

[USG6000V1-security-policy]source-zone trust

[USG6000V1-security-policy]destination-zone untrust

[USG6000V1-security-policy]source-address 192.168.10.0 24

[USG6000V1-security-policy]action permit

[USG6000V1-security-policy]quit

[USG6000V1]security-policy

[USG6000V1-security-policy]rule name dmz-untr

[USG6000V1-security-policy]source-zone dmz

[USG6000V1-security-policy]destination-zone untrust

[USG6000V1-security-policy]source-address 172.17.80.0 24

[USG6000V1-security-policy]action permit

②图形界面配置，如图 3-5 所示。

图 3-5　配置安全策略

（5）增加两条静态路由

①命令模式配置如下

[USG6000V1]ip route-static 0.0.0.0 24 g1/0/3 202.10.20.100

[USG6000V1]ip route-static 202.10.10.100 24 g1/0/3 202.10.20.100

②图形界面配置，如图 3-6 所示。

图 3-6　静态路由配置

（6）配置接口 IP 地址并加入安全区域

①命令模式下配置接口 IP 地址，并开启 ping 服务

[USG6000V1]interface g1/0/1

[USG6000V1-GigabitEthernet1/0/1]ip address 192.168.10.254 24

[USG6000V1-GigabitEthernet1/0/1]sevice-manage ping permit

[USG6000V1]interface g1/0/2

[USG6000V1-GigabitEthernet1/0/2]ip address 202.10.20.254 24

[USG6000V1-GigabitEthernet1/0/1]sevice-manage ping permit

[USG6000V1]interface g1/0/3

[USG6000V1-GigabitEthernet1/0/3]ip address 172.17.80.254 24

[USG6000V1-GigabitEthernet1/0/1]sevice-manage ping permit

②命令模式下将接口加入到对应区域

[USG6000V1]firewall zone trust

[USG6000V1-zone-trust]add interface g1/0/1

[USG6000V1-zone-trust]quit

[USG6000V1]firewall zone dmz

[USG6000V1-zone-dmz]add interface g1/0/2

[USG6000V1-zone-trust]quit

[USG6000V1]firewall zone untrust

[USG6000V1-zone-untrust]add interface g1/0/3

③图形界面配置，如图 3-7 所示。

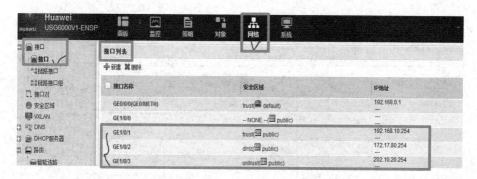

图 3-7　配置接口信息

2.配置路由器接口 IP 地址

[Huawei]sys AR1

[AR1-GigabitEthernet0/0/1]ip address 202.10.20.100 24

[AR1-GigabitEthernet0/0/1]quit

[AR1-GigabitEthernet0/0/2]ip address 202.10.10.254 24

3.2.3 服务器映射示例

服务映射是为了实现互联网主机访问 DMZ 区的服务器，将 DMZ 服务器区的服务器映射为指定的公网地址，然后对外提供服务，命令格式如下：

[USG6000V1]nat server 服务器映射名称 protocol 协议名 global 公网 IP 地址 服务端口 inside 私网 IP 地址 服务端口

如图 3-8 所示，untrust 区客户端主机 Client1 需要访问 dmz 区域 Web 服务器 Server1，服务器对外的公网 IP 地址为 202.10.20.150。

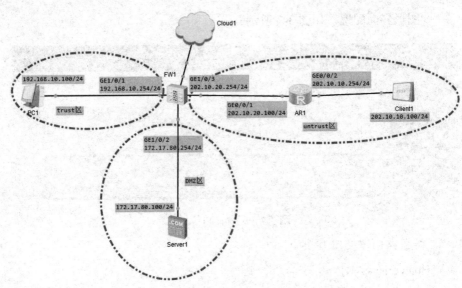

图 3-8　服务器映射

在网络地址转换（NAT）示例基础上修改 untrust 区域主机为 Client，增加一条 untrust 区域到 dmz 区域安全策略和 untrust 区域到 dmz 区域的 NAT 策略，然后在防火墙上增加一个服务器映射。

1.服务器映射

配置基于 tcp 协议的服务器映射 server1，将私网 IP 地址 172.17.80.100 映射为公网 IP 地址 202.10.20.150，对外提供 Web 服务（即服务端口号为 80），命令如下：

[USG6000V1]nat server server1 protocol tcp global 202.10.20.150 80 inside 172.17.80.100 80

2.untrust-dmz 安全策略

配置允许从 untrust 区域到 dmz 区域的安全策略，并指定目标服务器的 IP 地址为 172.17.80.100，命令如下：

[USG6000V1-security-policy]rule name unt-dmz

[USG6000V1-security-policy]source-zone untrust

[USG6000V1-security-policy]destination-zone dmz

[USG6000V1-security-policy]destination-address 172.17.80.100 32

[USG6000V1-security-policy]action permit

3.untrust-dmz NAT 转换策略

互联网用户访问内网服务器,需要将内网 IP 地址转换为 g1 地址池的地址,采用仅源地址转换，命令如下：

[USG6000V1-policy-nat]rule name un-dmz

[USG6000V1-policy-nat]source-zone untrust

[USG6000V1-policy-nat]destination-zone dmz

[USG6000V1-policy-nat]action source-nat address-group g1

4.测试

在 Server1 上模拟设置 Web 页面的主目录，然后启动 Web 服务器，如图 3-9 所示，最后在客户端 Client1 中选择 HttpClient 输入服务器端 IP 地址，获取服务器端信息，如图 3-10 所示。

图 3-9　配置 Server1 服务器

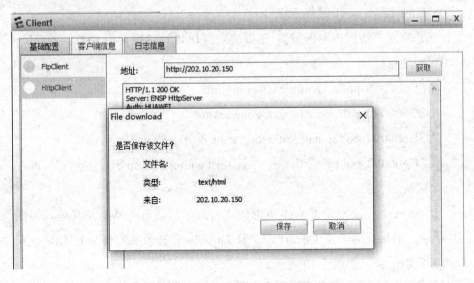

图 3-10   客户端访问 http 服务

第 4 章　GRE VPN

4.1 GRE VPN 概述

GRE（General Routing Encapsulation，通用路由封装）是对某些网络层协议（如 IPX）的报文进行封装，使这些被封装的报文能够在另一网络层协议（如 IP）中传输。

GRE 提供了将一种协议的报文封装在另一种协议报文中的机制，使报文能够在异种网络中传输，封装后报文的传输通道称为 Tunnel。

Tunnel 是一个虚拟的点对点的连接，可以看成仅支持点对点连接的虚拟接口，这个接口提供了一条通路，使封装的数据报能够在这个通路上传输，并在一个 Tunnel 的两端分别对数据报进行封装及解封装。

隧道接口（Tunnel 接口）是为实现报文的封装而提供的一种点对点类型的虚拟接口，与 Loopback 接口类似，都是一种逻辑接口，通过隧道接口封装的数据包内容，包括源地址、目的地址、封装类型和隧道接口 IP 地址，如图 4-1 所示。

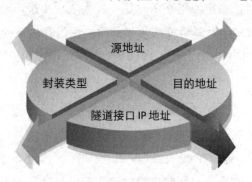

图 4-1　封装数据包

源地址，报文传输协议中的源地址，从负责封装后报文传输的网络来看，隧道的源地址就是实际发送报文的 IP 地址，一般是指本端的公网 IP 地址。

目的地址，报文传输协议中的目的地址。从负责封装后报文传输的网络来看，隧道本端的目的地址就是隧道目的端的 IP 地址，一般是指对端的公网 IP 地址。

封装类型，隧道接口的封装类型是指该隧道接口对报文进行的封装方式，此处就是 gre 协议。

隧道接口 IP 地址，隧道接口的 IP 地址可以不是公网地址，甚至可以借用其他接口的 IP 地址以节约 IP 地址。为了在隧道接口上启用动态路由协议，或使用静态路由协议发布隧道接口，要为隧道接口分配 IP 地址。

4.2 GRE 封装与解封装数据包

报文在 GRE 隧道中传输需要封装和解封装数据包。私网报文从防火墙 A（FW_A）向防火墙 B（FW_B）传输，则封装在 FW_A 上完成，而解封装在 FW_B 上进行。

4.2.1 GRE 封装数据包

FW_A 从连接私网的接口接收到私网报文后，首先交由私网上运行的协议模块处理。私网协议模块检查私网报文头中的目的地址并在私网路由表或转发表中查找出接口，确定如何路由此包。如果发现出接口是 Tunnel 接口，则将此报文发给隧道模块，隧道模块收到此报文后进行如下处理。

（1）隧道模块根据乘客报文的协议类型和当前 GRE 隧道所配置的 Key 和 Checksum 参数，对报文进行 GRE 封装，即添加 GRE 头；

（2）根据配置信息（传输协议为 IP），给报文加上 IP 头。该 IP 头的源地址就是隧道源地址，IP 头的目的地址就是隧道目的地址；

（3）将该报文交给 IP 模块处理，IP 模块根据该 IP 头目的地址，在公网路由表中查找相应的出接口并发送报文，之后，封装后的报文将在该 IP 公共网络中传输。

4.2.2 解封装 GRE 数据包

　　FW_B 从连接公网的接口收到该报文，分析 IP 头发现报文的目的地址为本设备，且协议字段值为 47，表示协议为 GRE，于是交给 GRE 模块处理。GRE 模块去掉公网 IP 头和 GRE 报头，并根据 GRE 头的 Protocol Type 字段，发现此报文的乘客协议为私网上运行的协议，于是交由此协议处理，此协议像对待一般数据报一样对此数据报进行转发。

4.2.3 GRE 报文转发流程

　　PC_A 通过 GRE 隧道访问 PC_B，如图 4-2 所示，具体过程如下。

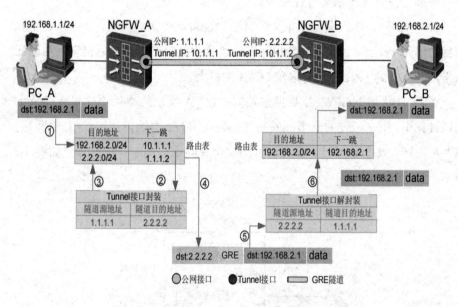

图 4-2　GRE 报文转发流程

　　（1）PC_A 要发送目的地到 192.168.2.1 的数据包，PC_A 访问 PC_B 的原始报文进入 NGFW_A 后，首先匹配路由表，在路由表上查看到 192.168.2.0/24 的数据包下一跳 IP 地址是 10.1.1.1，这个地址是隧道口 Tunnel1 的 IP 地址；

　　（2）根据路由查找结果，NGFW_A 将报文送到 Tunnel 接口进行 GRE 封装，增加 GRE 头，外层加新公网 IP 头，隧道源地址为 1.1.1.1，目的地址为

2.2.2.2;

（3）NGFW_A 根据 GRE 报文的公网 IP 头的目的地址 2.2.2.2，再次查找路由表，在路由表中找到下一跳 IP 为 1.1.1.2;

（4）NGFW_A 根据路由查找结果转发封装有 GRE 头、公网 IP 头的报文;

（5）NGFW_B 收到 GRE 报文后，首先判断这个报文是不是 GRE 报文，由于封装后的 GRE 报文会有新的公网 IP 头，这个新的公网 IP 头中有个 Protocol 字段，字段中标识了内层协议类型，如果这个 Protocol 字段值是 47，就表示这个报文是 GRE 报文。如果是 GRE 报文，NGFW_B 则将该报文送到 Tunnel 接口解封装，去掉新的公网 IP 头、GRE 头，恢复为原始报文；如果不是，则报文按照普通报文进行处理。

（6）NGFW_B 根据原始报文的目的地址再次查找路由表，在路由表上找到目的地为 192.168.2.0/24 的数据包下一跳为 192.168.2.1，然后根据路由匹配结果转发报文到 192.168.2.1 这台 PC_B 主机上。

（7）防火墙 NGFW_A 数据包走向：PC_A 发出的原始报文进入 Tunnel 接口过程中，报文经过的安全域间是 Trust—>DMZ；原始报文被 GRE 封装后，FW_A 在转发这个报文时，报文经过的安全域间是 Local—>Untrust，如图 4-3 所示。

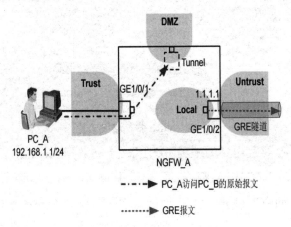

图 4-3 NGFW_A 数据包走向

（8）防火墙 NGFW_B 数据包走向：当 FW_A 发出的 GRE 报文到达 FW_B 时，FW_B 会进行解封装。在此过程中，报文经过的安全域间是 Untrust—>DMZ；

GRE 报文被解封装后，FW_B 在转发原始报文时，报文经过的安全域间是
DMZ—>Trust，如图 4-4 所示。

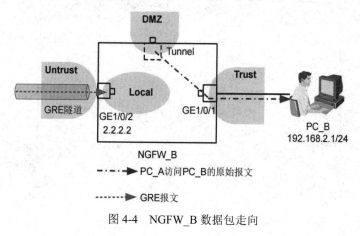

图 4-4　NGFW_B 数据包走向

4.3 配置 GRE VPN

如图 4-5 所示，NGFW_A 和 NGFW_B 通过 Internet 相连，两者公网路由
可达。网络 1 和网络 2 是两个私有的 IP 网络，通过在两台 FW 之间建立 GRE
隧道实现两个私有 IP 网络互联。

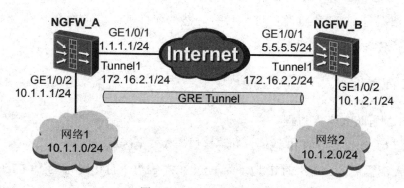

图 4-5　GRE VPN 组网图

根据组网图设计并在 ensp 模拟器中画出网络拓扑图，如图 4-6 所示。

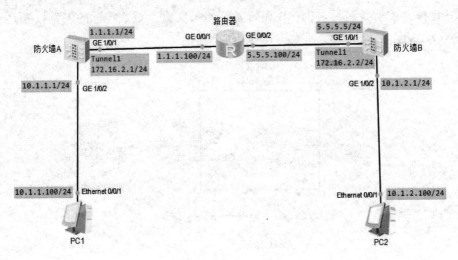

图 4-6　GRE VPN 网络拓扑图

4.3.1 配置思路

主要在防火墙 A 和防火墙 B 上分别创建一个 Tunnel1 接口；在 Tunnel1 接口中指定隧道的源 IP 地址和目的 IP 地址、协议、加密等封装参数；配置静态路由，将出接口指定为本设备的 Tunnel1 接口，将数据包引入到 GRE 隧道中进行封装；配置 trust<--->dmz 和 local<--->untrust 安全策略，允许数据包到 GRE 隧道口进行封装，然后允许被封装的数据包在互联网中进行传输。

4.3.2 配置过程

1.配置防火墙 A 过程

（1）配置接口的 IP 地址，并将接口加入安全区域。

A.配置接口 g1/0/1 的 IP 地址为 1.1.1.1/24，g1/0/2 的 IP 地址为 10.1.1.1/24，隧道口 Tunnel1 的 IP 地址为 172.16.2.1/24。

\<sysname\>system-view

[sysname]sysname FW_A

[FW_A]interface GigabitEthernet 1/0/1

[FW_A-GigabitEthernet1/0/1]ip address 1.1.1.1 24

[FW_A-GigabitEthernet1/0/1]quit

[FW_A]interface GigabitEthernet 1/0/2

[FW_A-GigabitEthernet1/0/2]ip address 10.1.1.1 24

[FW_A-GigabitEthernet1/0/2]quit

[FW_A]interface Tunnel1

[FW_A-Tunnel1]ip address 172.16.2.1 24

[FW_A-Tunnel1]quit

B.将接口 g1/0/1 加入到 untrust 区，g1/0/2 加入到 trust 区，隧道口 Tunnel1
加入到 dmz 区。

[FW_A]firewall zone untrust

[FW_A-zone-untrust]add interface GigabitEthernet 1/0/1

[FW_A]firewall zone trust

[FW_A-zone-trust]add interface GigabitEthernet 1/0/2

[FW_A]firewall zone dmz

[FW_A-zone-dmz]add interface tunnel1

（2）配置路由，将需要经过 GRE 隧道传输的流量引入到 GRE 隧道中，
同时创建被 GRE 协议封装的数据包，在互联网中转发的静态路由。

[FW_A]ip route-static 10.1.2.0 24 Tunnel1

[FW_A]ip route-static 5.5.5.0 24 g1/0/1 1.1.1.100

（3）配置 Tunnel1 接口的封装参数。

[FW_A]interface Tunnel1

[FW_A-Tunnel1]tunnel-protocol gre

[FW_A-Tunnel1]source 1.1.1.1

[FW_A-Tunnel1]destination 5.5.5.5

[FW_A-Tunnel1]gre key cipher 123456

[FW_A-Tunnel1]quit

（4）配置域间安全策略

A.配置 trust 域和 DMZ 的域间安全策略，允许封装前的报文通过域间安全
策略。

[FW_A]security-policy

[FW_A-policy-security]rule name trust-dmz

[FW_A-policy-security-rule-trust-dmz]source-zone trust

[FW_A-policy-security-rule-trust-dmz]destination-zone dmz

[FW_A-policy-security-rule-trust-dmz]action permit

[FW_A-policy-security]rule name dmz-trust

[FW_A-policy-security-rule-dmz-trust]source-zone dmz

[FW_A-policy-security-rule-dmz-trust]destination-zone trust

[FW_A-policy-security-rule-dmz-trust]action permit

B.配置 local 和 untrust 的域间安全策略，允许封装后的 GRE 报文通过域间安全策略。

[FW_A-policy-security]rule name local-untrust

[FW_A-policy-security-rule-local-untrust]source-zone local

[FW_A-policy-security-rule-local-untrust]destination-zone untrust

[FW_A-policy-security-rule-local-untrust]service gre

[FW_A-policy-security-rule-local-untrust]action permit

[FW_A-policy-security]rule name untrust-local

[FW_A-policy-security-rule-untrust-local]source-zone untrust

[FW_A-policy-security-rule-untrust-local]destination-zone local

[FW_A-policy-security-rule-untrust-local]service gre

[FW_A-policy-security-rule-untrust-local]action permit

2.配置防火墙 B 的过程

（1）配置接口的 IP 地址，并将接口加入安全区域。

A.配置接口 g1/0/1 的 IP 地址为 5.5.5.5/24，g1/0/2 的 IP 地址为 10.1.2.1/24，隧道口 Tunnel1 的 IP 地址为 172.16.2.2/24。

<sysname>system-view

[sysname]sysname FW_B

[FW_B]interface GigabitEthernet 1/0/1

[FW_B-GigabitEthernet1/0/1]ip address 5.5.5.5 24

[FW_B-GigabitEthernet1/0/1]quit

[FW_B]interface GigabitEthernet 1/0/2

[FW_B-GigabitEthernet1/0/2]ip address 10.1.2.1 24

[FW_B-GigabitEthernet1/0/2]quit

[FW_B]interface Tunnel1

[FW_B-Tunnel1]ip address 172.16.2.2 24

[FW_B-Tunnel1]quit

B.将接口 g1/0/1 加入到 untrust 区，g1/0/2 加入到 trust 区，隧道口 Tunnel1
加入到 dmz 区。

[FW_B]firewall zone untrust

[FW_B-zone-untrust]add interface GigabitEthernet 1/0/1

[FW_B-zone-untrust]quit

[FW_B]firewall zone trust

[FW_B-zone-trust]add interface GigabitEthernet 1/0/2

[FW_B-zone-trust]quit

[FW_B]firewall zone dmz

[FW_B-zone-dmz]add interface tunnel1

[FW_B-zone-dmz]quit

（2）配置路由，将需要经过 GRE 隧道传输的流量引入到 GRE 隧道中，
同时创建被 GRE 协议封装的数据包，在互联网中转发的静态路由。

[FW_B] ip route-static 10.1.1.0 24 Tunnel1

[FW_B]ip route-static 1.1.1.0 24 g1/0/1 5.5.5.100

（3）配置 Tunnel1 接口的封装参数。

[FW_B]interface Tunnel1

[FW_B-Tunnel1]tunnel-protocol gre

[FW_B-Tunnel1]source 5.5.5.5

[FW_B-Tunnel1]destination 1.1.1.1

[FW_B-Tunnel1]gre key cipher 123456

[FW_B-Tunnel1]quit

（4）配置域间安全策略

A.配置 trust 域和 DMZ 的域间安全策略，允许封装前的报文通过域间安全策略。

[FW_B]security-policy

[FW_B-policy-security]rule name trust-dmz

[FW_B-policy-security-rule-trust-dmz]source-zone trust

[FW_B-policy-security-rule-trust-dmz]destination-zone dmz

[FW_B-policy-security-rule-trust-dmz]action permit

[FW_B-policy-security]rule name dmz-trust

[FW_B-policy-security-rule-dmz-trust]source-zone dmz

[FW_B-policy-security-rule-dmz-trust]destination-zone trust

[FW_B-policy-security-rule-dmz-trust]action permit

B.配置 local 和 untrust 的域间安全策略，允许封装后的 GRE 报文通过域间安全策略。

[FW_B-policy-security]rule name policy2

[FW_B-policy-security-rule-policy2]source-zone local untrust

[FW_B-policy-security-rule-policy2]destination-zone untrust local

[FW_B-policy-security-rule-policy2]service gre

[FW_B-policy-security-rule-policy2]action permit

[FW_B-policy-security-rule-policy2]quit

3.配置路由器和 PC 主机信息

（1）配置路由器接口 IP 地址

[Huawei]interface g0/0/1

[Huawei-GigabitEthernet0/0/1]ip address 1.1.1.100 24

[Huawei]interface g0/0/2

[Huawei-GigabitEthernet0/0/2]ip address 5.5.5.100 24

（2）配置 PC 主机信息

配置主机 PC1 和 PC2 的 IP 地址，如图 4-7 所示，注意图中主机网关地址为与主机相接的防火墙接口的 IP 地址。

图 4-7　配置 PC1 和 PC2 的 IP 地址

4.测试 PC1 与 PC2 互 ping

在 PC1 访问主机 PC2 时，执行命令 ping 10.1.2.100，能够 ping 通；在 PC2 访问主机 PC1 时，执行命令 ping 10.1.1.100，能够 ping 通，如图 4-8 所示。

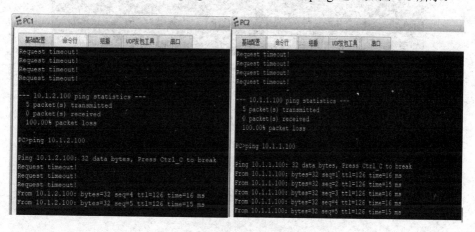

图 4-8　PC1 与 PC2 互 ping

（1）在防火墙 A 上使用 display ip routing-table 命令查看到目的地为
10.1.2.0/24 的数据包经由隧道 Tunnel1，如图 4-9 所示。

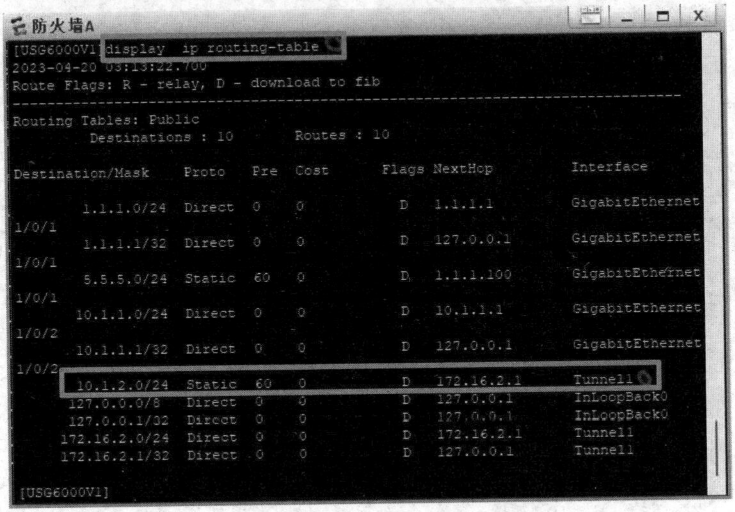

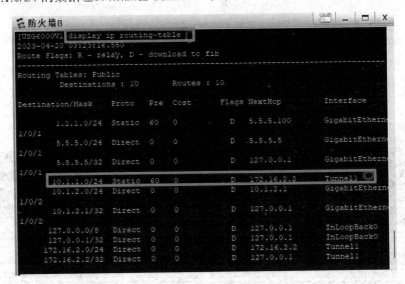

图 4-9　防火墙 A 转发数据包

（2)在防火墙 B 上使用 display ip routing-table 命令查看到目的地为
10.1.1.0/24 的数据包经由隧道 Tunnel1，如图 4-10 所示。

图 4-10　防火墙 B 转发数据包

第 5 章　IPSec VPN

5.1 VPN 概述

VPN 提供一种在现有网络或点对点连接上建立一至多条安全数据信道的机制。它只分配给受限的用户组独占使用，并能在需要时动态地建立和撤销私有专用网络。

基于 IP 的 VPN 体系结构，利用基于 IP 的 Internet 实现 VPN 的核心是各种隧道（Tunnel）技术。

通过隧道，企业私有数据可以跨越公共网络安全地传递。VPN 利用公共网络建立虚拟的隧道，在远端用户、驻外机构、合作伙伴、公司总部与分部间建立广域网连接，既保证连通性又保证了安全性，图 5-1 是一种典型的 VPN 架构，出差员工、异地办事处和合作伙伴通过 VPN 建立的虚拟隧道，将数据包安全地从互联网传送到企业总部的局域网，从而保证了数据包在互联网上传输的安全性。

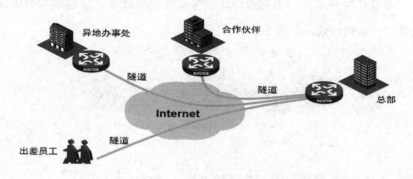

图 5-1　典型 VPN

VPN 虚拟网络要保证互联网上传输的数据包安全地到达内部网络，VPN 虚拟的专用网络至少要满足以下四项功能。

（1）数据加密：使用加密算法对传输的数据包进行加密，保证通过公共网络传输的数据即使被他人截获也不至于泄露信息。

（2）信息认证和身份认证：对网上传输的数据包要进行完整性和身份进行认证，保证信息的完整性、合法性和来源的不可抵赖性。

（3）访问控制：每个接入用户单独赋予访问权限，都要提供登录密码。

VPN 安全要求比较严格，需要防护网络和与其相连的系统中的信息以及它们所使用的服务要能够保护支撑网络基础设施和网络管理系统。同时 VPN 实施中需要确保 VPN 端点之间传输数据和代码的保密性、完整性和可用性，实现 VPN 端点和网络基础设施的可用性，如图 5-2 所示。

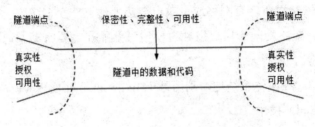

图 5-2　VPN 功能要求

5.2 VPN 隧道技术

VPN 通信使用隧道技术建立虚拟通道，隧道是利用一种协议来封装传输另外一种协议的技术，一个隧道协议包含从高层到底层，分别是载荷协议、隧道协议、承载协议，如图 5-3 所示。

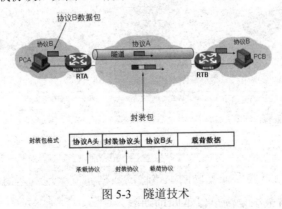

图 5-3　隧道技术

支持协议 B 的两个网络之间没有直接与广域网连接，而是通过一个协议 A 的网络互联，此处用的就是隧道技术，PCA 向 PCB 发送数据包必须经过以下过程。

首先 PCA 使用协议 B 将数据包封装，数据包到达隧道端点设备 RTA，RTA 将其封装成协议 A 数据包，通过协议 A 网络发送到隧道的另一端设备 RTB，隧道终点设备将协议 A 数据包解开，获得协议 B 的数据包，发送给 PCB。

协议 A 称为承载协议（Delivery Protocol），协议 B 称为载荷协议（Payload Protocol），而决定如何实现隧道的协议称为隧道协议(Tunnel Protocol)。载荷协议，即被封装的协议，如 PPP（Point to Point）、SLIP 等。隧道协议，用于隧道的建立、维护和断开，把载荷协议当成自己的数据来传输，如 L2TP、IPSec 等。承载协议，用于传输经过隧道协议封装后的数据分组，把隧道协议当成自己的数据来传输，如 IP、ATM 和以太网等。

主要的 VPN 技术有二层 VPN 技术、三层 VPN 技术和高层 VPN 技术。

（1）二层 VPN 技术

二层 VPN 技术包括点对点隧道协议（PPTP）、二层隧道协议（L2TP）和二层转发协议（L2F）。

（2）三层 VPN 技术

三层 VPN 技术主要包括 IPSec、BGP 和 GRE VPN 三种，IP 安全（IPSec），它是一个协议集，给出了 IP 网络上数据安全的整套体系结构；多协议 BGP VPN，是为了实现网络控制平面与转发平面分离、核心网络路由与客户网络路由的分离、IP 地址空间相隔离；GRE 是一种通用路由封装技术。

（3）高层 VPN 技术

高层 VPN 技术通常有安全套接字层（SSL）、因特网密钥交换（IKE）等。

5.3 IPSec 概述

IPSec 是一种开放标准的框架结构，特定的通信方之间在 IP 层通过加密和数据摘要(hash)等手段，来保证数据包在 Internet 网上传输时的私密性(confidentiality)、完整性(data integrity)和真实性(origin authentication)。IPSec 只能工作在 IP 层，要求载荷协议和承载协议都是 IP 协议。

5.3.1 保证数据的私密性

　　IPSec 通过数据加密来保证数据的私密性，数据加密的基本过程就是对原来为明文的文件和数据按某种算法进行处理，使其成一段不可读的代码，而解密过程是利用密钥将密文转换成明文的过程。

　　1.对称加密算法保证私密性

　　数据的机密性由加密算法提供，在明文与密文间相互转换的过程中，除了加密算法外，还需要一个加解密的参数，称为密钥。密码学中常用的加密技术有对称加密算法和非对称加密算法。如图 5-4 所示，是一个利用对称加密算法对文件加密和解密的过程，明文首先通过对称加密算法和密钥进行加密，得到密文，然后接收端收到加密密文之后使用同样的对称加密算法和同样的密钥解密，得到明文。对称加密算法加解密文件的速度非常快，由于加密和解密密钥是同一个，存在密码的传输问题，如果密码在传输的过程中被截获，攻击者可以使用该密码解密被加密的文件，如图 5-5 所示，左边用户想发送一个文件给右边用户，使用加密算法 E 和密钥 K，将明文 M 加密生成密文 C，然后将密文和密钥通过网络传输给右边用户，中间被攻击者截获了密文和密钥，攻击者可以直接将截获的密文使用对称加密算法和截获的密钥将密文解密，从而获得文件原文信息。

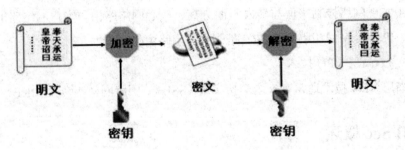

图 5-4　对称算法加解密文件

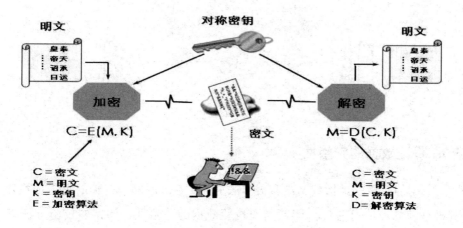

图 5-5 对称加密算法密钥被截获

2.非对称加密算法保证数据私密性

非对称密钥算法也称为公开密钥算法。此类算法为加密用户分配一对密钥，其中一个是公钥、另一个是私钥。用其中一个密钥加密的数据，只有另外一个密钥才能解密。发送方发送数据时，用接收方的公开公钥对数据进行加密，接收方收到加密数据后，用其私钥进行解密。

非对称加密算法加减密过程如图 5-6 所示。用户 B 拥有一个密钥对，用其中一个加密，用另一个来解密，两者一一对应，其中公开的那个密钥称为公钥，由自己保管的那个密钥称为私钥，这两个密钥不能相互推算。图中用户 B 将其中一个密钥私下保存（私钥），另一个密钥公开发布（公钥），此时 A 想发送加密信息给 B，A 使用 B 公开的公钥加密要发送的信息，然后发给 B，B 收到加密的信息，用自己的私钥解密信息，得到原文。举一个简单的例子，某老师拥有一个密钥对，一个私钥和公钥，需要班上每位同学将自己的作业私密发给她，她把自己的公钥告诉了班上每一位同学，班上同学要向该老师发送私密文件，只需要用该老师的公钥对作业进行加密发送给老师，此时只有拥有私钥的老师才有解开被加密的作业，在网络上无论谁截获了该文件，只要没有该老师的私钥是无法解开的，这样显然增强了数据的安全性。很多时候，对称加密算法和非对称加密算法结合使用，由于对称加密算法加密速度快，通常使用对称加密算法加密待传输的文件，然后使用非对称加密算法传输对称加密算法需要私密传输的密钥，从而保证了密钥数据传输的私密性。

图 5-6　非对称加密

5.3.2 保证数据的完整性

数据的完整性是指数据没有被非法篡改，在互联网上传输的数据时常会有被截获修改的可能性，因此需要校验数据的完整性，通常的校验方法有HASH算法，也称为摘要算法，采用 HASH 函数对不同长度的数据进行 HASH运算会得到固定长度的结果，这个数据称为原数据的摘要，也称为消息验证码（Message Authentication Code，MAC）。

摘要算法可验证数据的完整性，HASH 函数计算结果称为摘要，同一算法，不管输入长度多少，输出结果定长；摘要结果具有单向性，不可逆性，不同的内容其摘要结果是不同的。

如图 5-7 所示，发送方将公司财务报告销售额和利润值进行了 HASH，生成摘要 52952769691，然后发送方将公司财务报告在网上发送，如果黑客截获了报文，修改了报文内容，将报文原来的利润值减少了 10000，接收方收到报文后，采用同样的摘要算法 HASH 计算出的摘要变成了 43162898451 与传送的摘要（原摘要为 52952769691）不一致，这时候就知道原文被修改了。

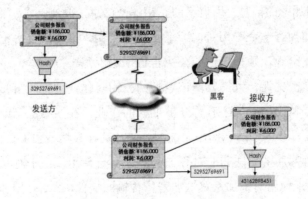

图 5-7　HASH 摘要保证数据完整性

如果黑客篡改原始数据的同时，将截获的摘要信息修改为篡改后的数据产生的摘要，这样接收方就不能发现数据被篡改了。因此，对原始单输入的 HASH 算法改进为 HMAC 算法。

HMAC（Hash Message Authentication Code）需要收发双方共享一个 MAC 密钥，计算摘要时，除了数据摘要外，还需要提供 MAC 密钥，即 MAC 密钥与原数据一起进行 Hash，但是传送的内容不包括 MAC 密钥。如果黑客截获了报文，修改了报文内容，伪造了摘要，由于不知道 MAC 密钥，黑客无法造出正确的摘要，接收方重新计算摘要时，一定会发现报文的 HMAC 与传送的 HMAC 码不一致。

如图 5-8 所示，发送方在发送公司财务报告之前，将 MAC 密钥与公司财务报告一起 Hash，生成 HMAC 摘要值 52952769691，此时在网上只发送公司财务报告和 HMAC 摘要值，MAC 密钥不发送，只私密地告诉接收方，当公司财务报告和 HMAC 摘要值被黑客截获并修改了利润（减少了 10000），生成新的 HASH 摘要值为 15672535632，当接收方收到被修改的信息后，接收方将公司财务报告和发送方约定的 MAC 密钥进行 HASH，发现生成的 HMAC 值为 12687237605 与黑客篡改后传输过来的 HASH 值（15672535632）不一致，接收方就知道公司财务报告被劫持并修改了。

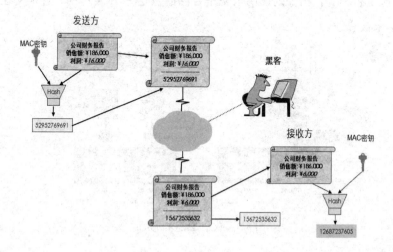

图 5-8　MAC 密钥 HASH

5.3.3 保证数据的真实性

真实性是指数据确实由特定的对端发出。通过身份认证可以保证数据的真实性，常用的身份认证方式为数字签名和数字证书。

1.数字签名

数字签名是指使密码算法对要发送的数据进行加密，生成一段信息，附着在原文上一起发送，这段信息类似于现实中的签名或印章，接收方对其进行验证，判断原文的真伪。

如图 5-9 所示，发送方 A 要向接收方 B 发送报文，为了确认发送方 A 的身份，采用了数字签名的方式，其数字签名过程如下。

（1）发送方 A 首先将待发送的原始数据进行 Hash，得到该原始数据的 MAC 值；

（2）发送方 A 将自己的私钥对 MAC 值进行加密，得到一个密文串 K；

（3）将该密文串附在原始报文后面一起送给 B；

（4）接收方 B 收到该报文后，也对原始报文内容进行 Hash，得到一个MAC 值；

（5）B 用 A 的公钥对密文串 K 进行解密，比较解密后的值与运算后的MAC 值是否相等，相等则说明报文是合法的发送方 A 发送的，且报文在传递过程中未被篡改。

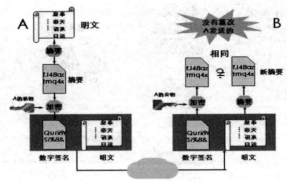

图 5-9　数字签名身份认证

2.数字证书

数字证书相当于电子化的身份证明，它和身份证类似，证书中是一些帮助确定身份的信息资料。数字证书就是将公钥与身份绑定在一起，由一个可信的第三方对绑定后的数据进行签名，以证明数据的可靠性。

数字证书包含：发信人的公钥、发信人的姓名、证书颁发者的名称、证书的序列号、证书颁发者的数字签名和证书的有效期限等。

5.4 配置 IPSec VPN

5.4.1Web 页面配置 IPSec VPN

已知公司总部局域网的主机要通过互联网实现与分公司局域网的主机通信，分公司与总部之间进行通信要保证数据的安全性，在总部和分部之间建立一个虚拟的专用网络通道，即 VPN 通道，其组网图如图 5-10 所示。根据组网图在 ensp 模拟器中画出网络拓扑图，并通过云朵连接到物理机上，通过物理机的浏览器访问防火墙，并配置防火墙 A、防火墙 B 的 IPSec VPN 功能，如图 5-11 所示。

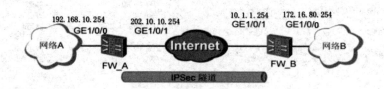

图 5-10　基于 IKE 的 IPSec 组网图

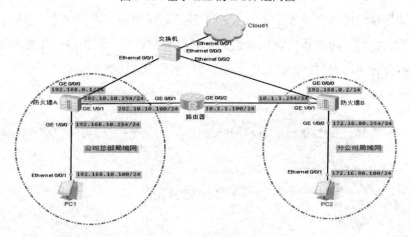

图 5-11　IPSec VPN 网络拓扑图

要通过 Web 页面访问防火墙 A 和防火墙 B，完成总公司和分公司 IPSec VPN 的配置，在命令模式下，登录防火墙 A 和防火墙 B，在两个防火墙的 GE0/0/0 口上开启 https 服务，并将防火墙 B 的 GE0/0/0 口的 IP 地址修改为 192.168.0.2/24，然后将两个防火墙的 GE0/0/0 口通过交换机连接到云朵上，如何配置云朵、修改接口 IP 地址和开启接口上的服务，请参考前面章节的配置过程，此处不再介绍。

1.配置总公司 IPSec VPN

现在配置公司总部局域网部署的防火墙 A 的 VPN 功能过程如下。

（1）配置接口信息

按照网络拓扑图，配置接口 g0/0/0 为默认 IP 地址，g1/0/0 口 IP 地址为 192.168.10.254/24，g1/0/1 接口 IP 地址为 202.10.10.254/24；将接口 g0/0/0 和 g1/0/0 加入到 trust 区域，g1/0/1 加入到 untrust 区域；并在接口 g0/0/0 上开启 https 服务，g1/0/0 和 g1/0/1 接口上开启 ping 服务，如图 5-12 所示。

接口名称	安全区域	IP地址	连接类型	VL
GE0/0/0(GE0/MGMT)	trust(⬛default)	192.168.0.1 ---	静态IP(IPv4 静态IP(IPv6	
GE1/0/0	trust(⬛public)	192.168.10.254 ---	静态IP(IPv4 静态IP(IPv6	
GE1/0/1	untrust(⬛public)	202.10.10.254 ---	静态IP(IPv4 静态IP(IPv6	

图 5-12　配置接口信息

（2）配置静态路由

数据包通过防火墙 A（IPSec VPN）能够转发出去，需要创建一条缺省路由，为了保障从总公司内网出去的数据包能够到达分公司内网，还需要添加一条到分公司内网的路由信息，如图 5-13 所示。

静态路由列表							
➕新建 ✖删除							
☐ 源虚拟路由器	目的地址/掩码	目的虚拟路由器	下一跳	优先级	出接口	绑定IP-Link...	
☐ public	0.0.0.0/0.0.0.0	public	202.10.10.100	60	GE1/0/1		
☐ public	172.16.80.0/255.255.2...	public	202.10.10.100	60	GE1/0/1		

图 5-13　配置静态路由

（3）配置安全策略

为了使得数据包能够在防火墙上转发，需要配置 4 条安全策略，如图 5-14

所示，配置允许数据包从防火墙 A 与防火墙 B 互访的安全策略，即防火墙 A 的 local 区域与防火墙 B 的 untrust 区域互访；允许公司总部内网与分公司内网用户互访，此处需要说明的是：对于公司总部内网，防火墙 A 是信任的，被定义为 trust 区域，但是对于从分公司过来的数据包，防火墙 A 都认为是不安全的，故不信任，将其定义为 untrust 区域，此处 untrust 区域有相同的，所以需要特指源 IP 地址和目的 IP 地址。

名称	源安全...	目的安...	源地址/地区	目的地址/地区	服务	应用	时间段	动作
local_untrust	local	untrust	202.10.10.0/24	10.1.1.0/24	any	any	any	允许
untrust_local	untrust	local	10.1.1.0/24	202.10.10.0/24	any	any	any	允许
trust_untrust	trust	untrust	192.168.10.0/24	172.16.80.0/24	any	any	any	允许
untrust_trust	untrust	trust	172.16.80.0/24	192.168.10.0/24	any	any	any	允许

图 5-14　配置安全策略

（4）配置 IPSec

在 IPSec 策略配置窗口中，场景选择点到点 VPN，策略名为 new_0，本端接口使用 GE1/0/1，认证方式选择预共享密钥，输入与对端一致的认证方式和密钥，本端和对端 ID 都选择 IP 地址。新建待加密的数据流，源地址为 192.168.10.0/24,目的地址为 172.16.80.0/24，源端口、目的端口、源协议任意，动作选择加密，如图 5-15 所示。

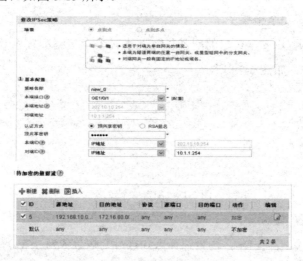

图 5-15　配置 IPSec

2.配置分公司 IPSec VPN

（1）配置接口信息

按照网络拓扑图，配置接口 GE0/0/0IP 地址为 192.168.0.2/24，GE1/0/0 接口 IP 地址为 172.16.80.254/24，GE1/0/1 接口 IP 地址为 10.1.1.254/24；将接口 GE0/0/0 和 GE1/0/0 加入到 trust 区域，GE1/0/1 加入到 untrust 区域；并在接口 GE0/0/0 上开启 https 服务，GE1/0/0 和 GE1/0/1 接口上开启 ping 服务，如图 5-16 所示。

GE0/0/0(GE0/MGMT)	trust(default)	192.168.0.2 ---	静态IP(IPv4 静态IP(IPv6
GE1/0/0	trust(public)	172.16.80.254 ---	静态IP(IPv4 静态IP(IPv6
GE1/0/1	untrust(public)	10.1.1.254	静态IP(IPv4 静态IP(IPv6

图 5-16　配置接口信息

（2）配置静态路由

数据包通过防火墙 B（IPSec VPN）能够转发出去，同防火墙 A 一样，需要创建一条缺省路由，为了保障从分公司内网出去的数据包能够到达总公司内网，还需要添加一条到总公司内网的路由信息，如图 5-17 所示。

| public | 0.0.0.0/0.0.0.0 | public | 10.1.1.100 | 60 | GE1/0/1 |
| public | 192.168.10.0/255.255.... | public | 10.1.1.100 | 60 | GE1/0/1 |

图 5-17　配置静态路由

（3）配置安全策略

此处防火墙 B 安全策略的配置与防火墙 A 安全策略配置相似，只是在 IP 地址上有区别，如图 5-18 所示。

local_untrust	local	untrust	10.1.1.0/24	202.10.10.0/24	any	any
untrust_local	untrust	local	202.10.10.0/24	10.1.1.0/24	any	any
trust_nutrust	trust	untrust	172.16.80.0/24	192.168.10.0/24	any	any
untrust_trust	untrust	trust	192.168.10.0/24	172.16.80.0/24	any	any

图 5-18　配置安全策略

（4）配置 IPSec

在 IPSec 策略窗口中，场景选择点到点，策略命名为 new_1，本端接口选择 GE1/0/1，认证方式选择预共享密钥，密钥同防火墙 A 预共享密钥，本端和对端 ID 都选择 IP 地址，新建一条待加密的数据流，源地址为 172.16.80.0/24，目的地址为 192.168.10.0/24，协议、源端口、目的端口为任意，动作为加密，如图 5-19 所示。

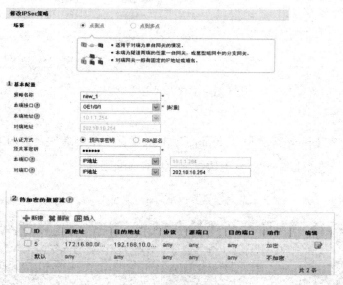

图 5-19　配置 IPSec

3.配置路由器 IP 地址

配置路由器 GE0/0/0 接口的 IP 地址为 202.10.10.100/24，GE0/0/1 接口的 IP 地址为 10.1.1.100/24，命令如图 5-20 所示。

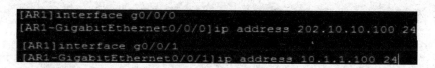

```
[AR1]interface g0/0/0
[AR1-GigabitEthernet0/0/0]ip address 202.10.10.100 24
[AR1]interface g0/0/1
[AR1-GigabitEthernet0/0/1]ip address 10.1.1.100 24
```

图 5-20　配置路由器 IP 地址

4.配置 PC1、PC2 的 IP 地址

配置 PC1、PC2 主机的 IP 地址如图 5-21 所示。

图 5-21　配置内网主机 IP 地址

5.测试

通过 PC1 ping PC2 和 PC2 ping PC1 来检查网络连通性，同时查看 IPSec 监控列表，观察 IPSec VPN 上数据包流向，如图 5-22 所示。

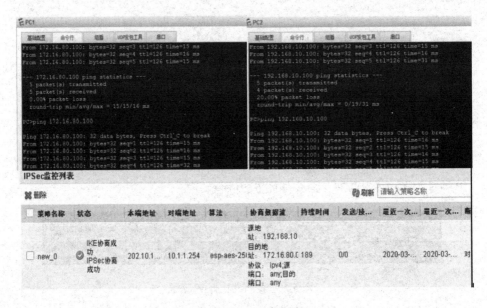

图 5-22　IPSec 监控列表

5.4.2 命令模式配置 IPSec VPN

按照图 5-11 的 IPSec VPN 网络拓扑图，使用命令完成 IPSec VPN 的配置，在防火墙 A、防火墙 B 上配置过程如下。

1.配置防火墙 A

（1）配置防火墙（GE1/0/0、GE1/0/1）接口 IP 地址,并开启 ping 服务

[USG6000V1]interface GigabitEthernet1/0/0

[USG6000V1-GigabitEthernet1/0/0]ip address 192.168.10.254 255.255.255.0

[USG6000V1-GigabitEthernet1/0/0]service-manage ping permit

[USG6000V1-GigabitEthernet1/0/0]quit

[USG6000V1]interface GigabitEthernet1/0/1

[USG6000V1-GigabitEthernet1/0/1]ip address 202.10.10.254 255.255.255.0

[USG6000V1-GigabitEthernet1/0/1]service-manage ping permit

[USG6000V1-GigabitEthernet1/0/1]quit

（2）将接口 g1/0/0 加入到 trust 区域，将 g1/0/1 加入到 untrust 区域

[USG6000V1]firewall zone trust

[USG6000V1-zone-trust]add interface GigabitEthernet1/0/0

[USG6000V1-zone-trust]quit

[USG6000V1]firewall zone untrust

[USG6000V1-zone-untrust]add interface GigabitEthernet1/0/1

[USG6000V1-zone-untrust]quit

（3）添加两条静态路由

[USG6000V1]ip route-static 0.0.0.0 0 g1/0/1 202.10.10.100

[USG6000V1]ip route-static 172.16.80.0 24 g1/0/1 202.10.10.100

（4）创建 local-untrust 和 trust-untrust 区域允许互访的安全策略

[USG6000V1]security-policy

[USG6000V1-policy-security]rule name local-untrust

[USG6000V1-policy-security-rule-local-untrust]source-zone local

[USG6000V1-policy-security-rule-local-untrust]destination-zone untrust

[USG6000V1-policy-security-rule-local-untrust]source-address
202.10.10.0 24

　　　[USG6000V1-policy-security-rule-local-untrust]destination-address
10.1.1.0 24

[USG6000V1-policy-security-rule-local-untrust]action permit

[USG6000V1-policy-security-rule-local-untrust]quit

[USG6000V1-policy-security]rule name untrust-local

[USG6000V1-policy-security-rule-untrust-local]source-zone untrust

[USG6000V1-policy-security-rule-untrust-local]destination-zone local

[USG6000V1-policy-security-rule-untrust-local]source-address 10.1.1.0 24

[USG6000V1-policy-security-rule-untrust-local]destination-address

202.10.10.0 24

[USG6000V1-policy-security-rule-untrust-local]action permit

[USG6000V1-policy-security-rule-untrust-local]quit

[USG6000V1-policy-security]rule name trust-untrust

[USG6000V1-policy-security-rule-trust-untrust]source-zone trust

[USG6000V1-policy-security-rule-trust-untrust]destination-zone untrust

[USG6000V1-policy-security-rule-trust-untrust]source-address

192.168.10.0 24

[USG6000V1-policy-security-rule-trust-untrust]destination-address

172.16.80.0 24

[USG6000V1-policy-security-rule-trust-untrust]action permit

[USG6000V1-policy-security-rule-trust-untrust]quit

[USG6000V1-policy-security]rule name untrust-trust

[USG6000V1-policy-security-rule-untrust-trust]source-zone untrust

[USG6000V1-policy-security-rule-untrust-trust]destination-zone trust

[USG6000V1-policy-security-rule-untrust-trust]source-address

172.16.80.0 24

[USG6000V1-policy-security-rule-untrust-trust]destination-address

192.168.10.0 24

[USG6000V1-policy-security-rule-untrust-trust]action permit

[USG6000V1-policy-security-rule-untrust-trust]quit

（5）配置 IPSec 策略

①创建加密数据流

[USG6000V1]acl number 3000

[USG6000V1-acl-adv-3000]rule 5 permit ip source 192.168.10.0 0.0.0.255 destination 172.16.80.0 0.0.0.255

②创建 IKE 安全提议

[USG6000V1]ike proposal 10

[USG6000V1-ike-proposal-10]encryption-algorithm aes-256

[USG6000V1-ike-proposal-10]authentication-algorithm sha2-256

[USG6000V1-ike-proposal-10]authentication-method pre-share

[USG6000V1-ike-proposal-10]integrity-algorithm hmac-sha2-256

[USG6000V1-ike-proposal-10]prf hmac-sha2-256

[USG6000V1-ike-proposal-10]display this

2023-06-26 08:50:41.740

\#

ike proposal 10

  encryption-algorithm aes-256

  dh group14

  authentication-algorithm sha2-256

  authentication-method pre-share

  integrity-algorithm hmac-sha2-256

  prf hmac-sha2-256

\#

return

[USG6000V1-ike-proposal-10]quit

③创建 IKE 协商连接密钥

[USG6000V1]ike peer a

[USG6000V1-ike-peer-a]pre-shared-key Admin@123

[USG6000V1-ike-peer-a]exchange-mode auto

[USG6000V1-ike-peer-a]ike-proposal 10

[USG6000V1-ike-peer-a]remote-id-type ip

[USG6000V1-ike-peer-a]remote-id 10.1.1.254

[USG6000V1-ike-peer-a]local-id 202.10.10.254

[USG6000V1-ike-peer-a]remote-address 10.1.1.254

[USG6000V1-ike-peer-a]display this

2023-06-26 08:56:51.690

\#

ike peer a

exchange-mode auto

pre-shared-key　%^%#]b%s)A~X$G05}>S;{,/,u4Xz2x.!x,BG%>ZXBDr<%^

%#

ike-proposal 10

remote-id-type ip

remote-id 10.1.1.254

local-id 202.10.10.254

remote-address 10.1.1.254

\#

return

[USG6000V1-ike-peer-a]quit

④创建 IPSec 安全提议

[USG6000V1]ipsec proposal 10

[USG6000V1-ipsec-proposal-10]esp authentication-algorithm sha2-256

[USG6000V1-ipsec-proposal-10]esp encryption-algorithm aes-256

[USG6000V1-ipsec-proposal-10]display this

2023-06-26 09:00:01.250

\#

ipsec proposal 10

 esp authentication-algorithm sha2-256

 esp encryption-algorithm aes-256

\#

return

[USG6000V1-ipsec-proposal-10]quit

⑤创建 ipsec 安全策略

[USG6000V1]ipsec policy new1 10 isakmp

Info: The ISAKMP policy sequence number should be smaller than the template poli

cy sequence number in the policy group. Otherwise, the ISAKMP policy does not ta

ke effect.

[USG6000V1-ipsec-policy-isakmp-new1-10]security acl 3000

[USG6000V1-ipsec-policy-isakmp-new1-10]ike-peer a

[USG6000V1-ipsec-policy-isakmp-new1-10]proposal 10

[USG6000V1-ipsec-policy-isakmp-new1-10]display this

2023-06-26 09:01:55.920

#

ipsec policy new1 10 isakmp

  ike-peer a

  proposal 10

#

return

[USG6000V1-ipsec-policy-isakmp-new1-10]quit

⑥将 IPSec 安全策略绑定到 g1/0/1 接口

[USG6000V1]interface g1/0/1

[USG6000V1-GigabitEthernet1/0/1]ip address 202.10.10.254 24

[USG6000V1-GigabitEthernet1/0/1]service-manage ping permit

[USG6000V1-GigabitEthernet1/0/1]ipsec policy new1

[USG6000V1-GigabitEthernet1/0/1]display this

2023-06-26 09:47:01.590

#

interface GigabitEthernet1/0/1

```
  undo shutdown
  ip address 202.10.10.254 255.255.255.0
  service-manage ping permit
  ipsec policy new1
#
return
[USG6000V1-GigabitEthernet1/0/1]quit
```

2.配置防火墙 B

（1）配置接口 g1/0/0、g1/0/1 的 IP 地址并开启 ping 服务

```
[USG6000V1]interface g1/0/0
[USG6000V1-GigabitEthernet1/0/0]ip address 172.16.80.254 24
[USG6000V1-GigabitEthernet1/0/0]service-manage ping permit
[USG6000V1-GigabitEthernet1/0/0]display this
2023-06-26 09:07:19.050
#
interface GigabitEthernet1/0/0
  undo shutdown
  ip address 172.16.80.254 255.255.255.0
  service-manage ping permit
#
return
[USG6000V1-GigabitEthernet1/0/0]quit
[USG6000V1]interface g1/0/1
[USG6000V1-GigabitEthernet1/0/1]ip address 10.1.1.254 24
[USG6000V1-GigabitEthernet1/0/1]service-manage ping permit
[USG6000V1-GigabitEthernet1/0/1]display this
2023-06-26 09:08:51.880
#
interface GigabitEthernet1/0/1
```

undo shutdown

ip address 10.1.1.254 255.255.255.0

service-manage ping permit

\#

return

[USG6000V1-GigabitEthernet1/0/1]quit

（2）将 g1/0/0 口加入到 trust 区域、g1/0/1 口加入到 untrust 区域

[USG6000V1]firewall zone trust

[USG6000V1-zone-trust]add interface g1/0/0

[USG6000V1-zone-trust]display this

2023-06-26 09:15:16.440

\#

firewall zone trust

  set priority 85

add interface GigabitEthernet0/0/0

  add interface GigabitEthernet1/0/0

\#

return

[USG6000V1-zone-trust]quit

[USG6000V1]firewall zone untrust

[USG6000V1-zone-untrust]add interface g1/0/1

[USG6000V1-zone-untrust]display this

2023-06-26 09:13:27.470

\#

firewall zone untrust

  set priority 5

  add interface GigabitEthernet1/0/1

\#

return

[USG6000V1-zone-untrust]quit

（3）添加两条静态路由

[USG6000V1]ip route-static 0.0.0.0 0 g1/0/1 10.1.1.100

[USG6000V1]ip route-static 192.168.10.0 24 g1/0/1 10.1.1.100

（4）配置 local-untrust、trust-untrust 区域允许放行的安全策略

[USG6000V1]security-policy

[USG6000V1-policy-security]rule name local-untrust

[USG6000V1-policy-security-rule-local-untrust]source-zone local

[USG6000V1-policy-security-rule-local-untrust]destination-zone untrust

[USG6000V1-policy-security-rule-local-untrust]source-address 10.1.1.0 24

[USG6000V1-policy-security-rule-local-untrust]destination-address

202.10.10.0 24

[USG6000V1-policy-security-rule-local-untrust]action permit

[USG6000V1-policy-security-rule-local-untrust]quit

[USG6000V1-policy-security]rule name untrust-local

[USG6000V1-policy-security-rule-untrust-local]source-zone untrust

[USG6000V1-policy-security-rule-untrust-local]destination-zone local

[USG6000V1-policy-security-rule-untrust-local]source-address

202.10.10.0 24

[USG6000V1-policy-security-rule-untrust-local]destination-address 10.1.1.0 24

[USG6000V1-policy-security-rule-untrust-local]action permit

[USG6000V1-policy-security-rule-untrust-local]quit

[USG6000V1-policy-security]rule name trust-untrust

[USG6000V1-policy-security-rule-trust-untrust]source-zone trust

[USG6000V1-policy-security-rule-trust-untrust]destination-zone untrust

[USG6000V1-policy-security-rule-trust-untrust]source-address

172.16.80.0 24

[USG6000V1-policy-security-rule-trust-untrust]destination-address

192.168.10.0 24

　　[USG6000V1-policy-security-rule-trust-untrust]action permit

　　[USG6000V1-policy-security-rule-trust-untrust]quit

　　[USG6000V1-policy-security]rule name untrust-trust

　　[USG6000V1-policy-security-rule-untrust-trust]source-zone untrust

　　[USG6000V1-policy-security-rule-untrust-trust]destination-zone trust

　　[USG6000V1-policy-security-rule-untrust-trust]source-address

192.168.10.0 24

　　[USG6000V1-policy-security-rule-untrust-trust]destination-address

172.16.80.0 24

　　[USG6000V1-policy-security-rule-untrust-trust]action permit

　　[USG6000V1-policy-security-rule-untrust-trust]quit

　　[USG6000V1-policy-security]display this

　　2023-06-26 09:21:53.340

　　#

　　security-policy

　　rule name tr-dmz

　　source-zone trust

　　destination-zone dmz

　　destination-zone untrust

　　source-address 172.16.10.0 mask 255.255.255.0

　　action permit

　　rule name local-untrust

　　source-zone local

　　destination-zone untrust

　　source-address 10.1.1.0 mask 255.255.255.0

　　destination-address 202.10.10.0 mask 255.255.255.0

　　action permit

rule name untrust-local

source-zone untrust

destination-zone local

source-address 202.10.10.0 mask 255.255.255.0

destination-address 10.1.1.0 mask 255.255.255.0

action permit

rule name trust-untrust

source-zone trust

destination-zone untrust

source-address 172.16.80.0 mask 255.255.255.0

destination-address 192.168.10.0 mask 255.255.255.0

action permit

rule name untrust-trust

source-zone untrust

destination-zone trust

source-address 192.168.10.0 mask 255.255.255.0

destination-address 172.16.80.0 mask 255.255.255.0

action permit

#

return

[USG6000V1-policy-security]quit

（5）配置 IPSec 策略

①加密需要私密发送的数据流

[USG6000V1]acl number 3000

[USG6000V1-acl-adv-3000]rule permit ip source 172.16.80.0 0.0.0.255 destination 192.168.10.0 0.0.0.255

[USG6000V1-acl-adv-3000]display this

2023-06-26 09:28:33.560

#

acl number 3000

rule 5 permit ip source 172.16.80.0 0.0.0.255 destination 192.168.10.0 0.0.0.25

5

#

return

[USG6000V1-acl-adv-3000]quit

②配置 IKE 安全提议

[USG6000V1]ike proposal 10

[USG6000V1-ike-proposal-10]encryption-algorithm aes-256

[USG6000V1-ike-proposal-10]authentication-algorithm sha2-256

[USG6000V1-ike-proposal-10]authentication-method pre-share

[USG6000V1-ike-proposal-10]integrity-algorithm hmac-sha2-256

[USG6000V1-ike-proposal-10]prf hmac-sha2-256

[USG6000V1-ike-proposal-10]display this

2023-06-26 09:32:14.940

#

ike proposal 10

encryption-algorithm aes-256

dh group14

authentication-algorithm sha2-256

authentication-method pre-share

integrity-algorithm hmac-sha2-256

prf hmac-sha2-256

#

return

[USG6000V1-ike-proposal-10]quit

③IPSec 通信协商连接密钥

[USG6000V1]ike peer b

[USG6000V1-ike-peer-b]pre-shared-key Admin@123

[USG6000V1-ike-peer-b]exchange-mode auto

[USG6000V1-ike-peer-b]ike-proposal 10

[USG6000V1-ike-peer-b]remote-id-type ip

[USG6000V1-ike-peer-b]remote-id 202.10.10.10.254

[USG6000V1-ike-peer-b]display this

2023-06-26 09:33:56.240

#

ike peer b

exchange-mode auto

pre-shared-key %^%#I0+<.VWqY1_De\=z*d`5A$hK3W3K[CaQXf)E;RJ5%^%#

ike-proposal 10

remote-id-type ip

remote-id 202.10.10.10.254

#

return

[USG6000V1-ike-peer-b]quit

④IPSec 安全提议

[USG6000V1]ipsec proposal 10

[USG6000V1-ipsec-proposal-10]esp authentication-algorithm sha2-256

[USG6000V1-ipsec-proposal-10]esp encryption-algorithm aes-256

[USG6000V1-ipsec-proposal-10]display this

2023-06-26 09:36:37.020

#

ipsec proposal 10

esp authentication-algorithm sha2-256

esp encryption-algorithm aes-256

#

return

[USG6000V1-ipsec-proposal-10]quit

⑤IPSec 策略

[USG6000V1]ipsec policy new1 10 isakmp

Info: The ISAKMP policy sequence number should be smaller than the template poli

cy sequence number in the policy group. Otherwise, the ISAKMP policy does not ta

ke effect.

[USG6000V1-ipsec-policy-isakmp-new1-10]security acl 3000

[USG6000V1-ipsec-policy-isakmp-new1-10]ike-peer b

Info: No remote address configured in IKE peer.

[USG6000V1-ipsec-policy-isakmp-new1-10]proposal 10

[USG6000V1-ipsec-policy-isakmp-new1-10]display this

2023-06-26 09:38:39.540

#

ipsec policy new1 10 isakmp

security acl 3000

ike-peer b

proposal 10

#

return

[USG6000V1-ipsec-policy-isakmp-new1-10]quit

⑥接口 g1/0/1 绑定 IPSecVPN

[USG6000V1]interface g1/0/1

[USG6000V1-GigabitEthernet1/0/1]ip address 10.1.1.254 24

[USG6000V1-GigabitEthernet1/0/1]ipsec policy new1

[USG6000V1-GigabitEthernet1/0/1]display this

2023-06-26 09:40:41.010

```
#
interface GigabitEthernet1/0/1
undo shutdown
ip address 10.1.1.254 255.255.255.0
service-manage ping permit
ipsec policy new1
#
return
```

[USG6000V1-GigabitEthernet1/0/1]quit

3.配置路由器 g0/0/1 和 g0/0/2 接口 IP 地址

<Huawei>sys

[Huawei]sys AR1

[AR1]interface g0/0/1

[AR1-GigabitEthernet0/0/1] ip address 202.10.10.100 24

[AR1-GigabitEthernet0/0/1]quit

[AR1]interface g0/0/2

[AR1-GigabitEthernet0/0/2] ip address 10.1.1.100 24

4.配置 PC1、PC2 主机 IP 地址

配置主机 PC1、PC2 的 IP 地址如图 5-21 所示。

5.测试

PC1 ping PC2 和 PC2 ping PC1，如图 5-22 所示。

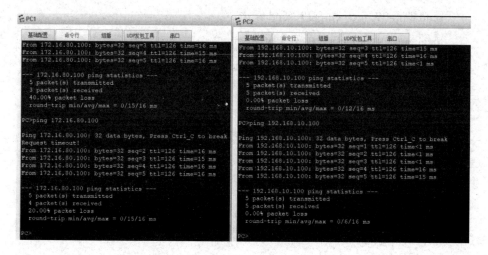

图 5-22　ping 测试

6.在防火墙上查看会话和 IPSec 状态

（1）查看防火墙 A

①查看会话表

[USG6000V1]display firewall session table

2023-06-30 07:12:48.080

Current Total Sessions:1

esp VPN:public-->public 10.1.1.254:0-->202.10.10.254:0

②查看 ipsec 状态

[USG6000V1]display ipsec statistics

2023-06-30 07:15:18.990

IPSec statistics information:

Number of IPSec tunnels:1

Number of standby IPSec tunnels:0

the security packet statistics:

input/output security packets:26/29

input/output security bytes:1560/1740

input/output dropped security packets:0/0

the encrypt packet statistics:

send chip:29, recv chip:29, send err:0

local cpu:29, other cpu:0, recv other cpu:0

intact packet:29, first slice:0, after slice:

（2）查看防火墙 B

①查看会话表

[USG6000V1]dis firewall session table

2023-06-30 07:13:54.710

Current Total Sessions:1

esp　　VPN: public --> public　　202.10.10.254:0 --> 10.1.1.254:0

②查看 ipsec 状态

[USG6000V1]dis ipsec statistics

2023-06-30 07:17:11.760

IPSec statistics information:

Number of IPSec tunnels:1

Number of standby IPSec tunnels:0

the security packet statistics:

input/output security packets:29/26

input/output security bytes:1740/1560

input/output dropped security packets:0/0

the encrypt packet statistics:

send chip: 26, recv chip: 26, send err:0

local cpu: 26, other cpu: 0, recv other cpu:0

intact packet: 26, first slice: 0, after slice:0

the decrypt packet statistics:

第 6 章　L2TP VPN

6.1 VPDN 概述

VPDN(Virtual Private Dial Network)是指利用公共网络(如 ISDN 和 PSTN)的拨号功能及接入网来实现虚拟专用网,从而为企业、小型 ISP、移动办公人员提供接入服务。

VPDN 隧道协议可分为 PPTP、L2F 和 L2TP 三种,目前使用最广泛的是 L2TP,其实现方式有客户端通过 NAS 与 VPDN 网关建立隧道方式和客户端与 VPDN 网关直接建立隧道方式两种。

6.1.1 客户端通过 NAS 与 VPDN 网关建立隧道方式

客户的 PPP 直接连接到企业的网关上,目前可使用的协议有 L2F 与 L2TP。对用户是透明的,用户只需要登录一次就可以接入企业网络,由企业网进行用户认证和地址分配,而不占用公共地址,用户可使用各种平台上网。这种方式需要 NAS 支持 VPDN 协议,需要认证系统支持 VPDN 属性,网关一般使用防火墙或 VPN 专用服务器。

6.1.2 客户端与 VPDN 网关直接建立隧道方式

客户机先建立与 Internet 的连接,再通过专用的客户软件(如 Win 支持的 L2TP 客户端)与网关建立通道连接。其好处在于用户上网的方式和地点没有限制,不需 ISP 介入,其缺点是用户需要安装专用的软件,受用户使用平台的限制,而且 VPN 维护难度较大。

6.2 L2TP 概述

L2TP (Layer Two Tunneling Protocol) 二层隧道协议，为在用户和企业的服务器之间透明传输 PPP 报文而设置的隧道协议。PPP 协议定义了一种封装技术，可以在二层的点到点链路上传输多种协议数据包，提供了对 PPP 链路层数据包的通道（Tunnel）传输支持，允许二层链路端点和 PPP 会话点驻留在不同设备上并且采用包交换网络技术进行信息交互。结合了 L2F 协议和 PPTP 协议的各自优点，成为 IETF 有关二层隧道协议的工业标准。

6.3 L2TP VPN 协议组件

L2TP VPN 协议组件包括 L2TP 接入集中器 LAC、L2TP 网络服务器 LNS 和远端系统，其中远端系统是接入 VPDN 网络的远地用户和远地分支机构，通常是一个拨号用户的主机或私有网络的一台路由设备，如图 6-1 所示。

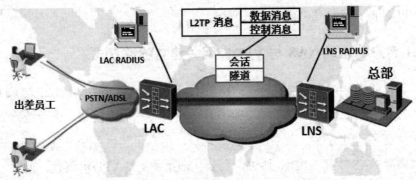

图 6-1　L2TP VPN 组件

LAC 是附属在交换网络上的具有 PPP 端系统和 L2TP 协议处理能力的设备，通常是一个当地 ISP 的 NAS，主要用于为 PPP 类型的用户提供接入服务。

LAC 位于 LNS 和远端系统之间，用于在 LNS 和远端系统之间传递信息包。它把从远端系统收到的信息包按照 L2TP 协议进行封装并送往 LNS，同时也将从 LNS 收到的信息包进行解封装并送往远端系统。LAC 与远端系统之间采用本地连接或 PPP 链路，VPDN 应用中通常为 PPP 链路。

LNS 既是 PPP 端系统，又是 L2TP 协议的服务器端，通常作为一个企业内部网的边缘设备。LNS 作为 L2TP 隧道的另一侧端点，是 LAC 的对端设备，是 LAC 进行隧道传输的 PPP 会话的逻辑终止端点。通过在公网中建立 L2TP 隧道，将远端系统的 PPP 连接的另一端由原来的 LAC 在逻辑上延伸到了企业网内部的 LNS。

　　L2TP 中存在两种消息，即控制消息和数据消息。控制消息用于隧道和会话连接的建立、维护及删除；数据消息则用于封装 PPP 帧并在隧道上传输。

6.4 L2TP 协议栈结构及封装过程

　　L2TP 协议栈结构包括公有 IP 头、UDP、L2TP、PPP、私有 IP 头和数据，如图 6-2 所示。其中公有 IP 头确定数据包在 Internet 转发的地址，私有 IP 头封装的是内网数据包的 IP 地址，用于解封装后数据包在内网转发。

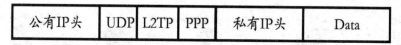

| 公有IP头 | UDP | L2TP | PPP | 私有IP头 | Data |

图 6-2　L2TP 协议栈结构

6.4.1 L2TP 封装过程

　　LAC 封装来自 Client 的 PPP 报文时，封装过程如下。

　　（1）封装 L2TP 头：其中包含了用于标识该消息的 Tunnel ID 和 Session ID，这两个 ID 信息都要到达对端（Remote 端）的 ID 而不是本端 ID 信息。

　　（2）封装 UDP 头：用于标识上层应用，L2TP 注册了 UDP 的 1701 端口，当 LNS 收到了该端口的报文时能够辨别出这是 L2TP 报文从而送入 L2TP 处理模块进行处理。

　　（3）封装公网 IP 头：用于该报文在互联网（Internet）转发。

6.4.2 L2TP 协议解封装过程

　　LNS 收到 L2TP 报文以后，解封装过程如下。

　　（1）检查公网 IP 头和 UDP 头信息：LNS 首先检查公网 IP 头，然后通过 UDP 端口（1701）标识该报文为 L2TP 报文。

（2）检查 L2TP 头信息：LNS 读取 L2TP 头中的 Tunnel ID 和 Session ID 信息，检查其是否和本地已经建立成功的 L2TP Tunnel ID 和 L2TP Session ID 相同，如果相同则解封装，否则丢弃报文。

（3）检查 PPP 头信息：LNS 检查 PPP 头中的相关信息是否正确，然后解封装 PPP 头。

（4）得到私网 IP 报文：此时 LNS 处理报文的过程就和收到一个普通的 IP 报文处理过程一致，将私网 IP 报文送入上层模块或进行路由处理。

6.5 L2TP 会话建立过程

如图 6-3 所示，PC 要连接 VPN 隧道，发送私密数据到对端局域网，其建立会话的过程如下。

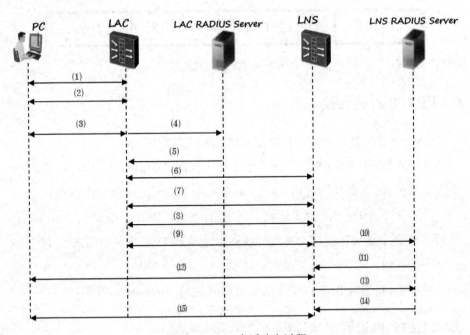

图 6-3　L2TP 会话建立过程

（1）用户端 PC 机发起呼叫连接请求；

（2）PC 机和 LAC 端进行 PPP LCP 协商；

（3）LAC 对 PC 机提供的用户信息进行 PAP 或 CHAP 认证；

（4）LAC 将认证信息（用户名、密码）发送给 RADIUS 服务器进行认证；

（5）RADIUS 服务器认证该用户,如果认证通过则返回该用户对应的 LNS 地址等相关信息，并且 LAC 准备发起隧道连接请求；

（6）LAC 端向指定 LNS 发起隧道连接请求；

（7）LAC 端向指定 LNS 发送 CHAP challenge 信息,LNS 回送该 challenge 响应消息 CHAP response，并发送 LNS 侧的 CHAP challenge，LAC 返回该 challenge 的响应消息 CHAP response；

（8）隧道验证通过，开始创建 L2TP 隧道；

（9）采用代理验证方式时，LAC 端将用户 CHAP response、response identifier 和 PPP 协商参数传送给 LNS；

（10）LNS 将接入请求信息发送给 RADIUS 服务器进行认证；

（11）RADIUS 服务器认证该请求信息，如果认证通过则返回响应信息；

（12）若用户在 LNS 侧配置强制本端 CHAP 认证，则 LNS 对用户进行认证，发送 CHAP challenge，用户侧回应 CHAP response；

（13）LNS 将接入请求信息发送给 RADIUS 服务器进行认证；

（14）RADIUS 服务器认证该请求信息，如果认证通过则返回响应信息；

（15）验证通过，L2TP 成功建立。

6.6 L2TP 接入方式

6.6.1 Client-Initialized 接入方式 VPN

LAC 表示 L2TP 访问集中器（L2TP Access Concentrator），是附属在交换网络上的具有 PPP 端系统和 L2TP 协议处理能力的设备。LAC 一般是一个网络接入服务器 NAS,主要用于通过 PSTN/ISDN 网络为用户提供接入服务。LNS 表示 L2TP 网络服务器（L2TP Network Server），是 PPP 端系统上用于处理 L2TP 协议服务器端部分的设备。

LAC 客户端可直接向 LNS 发起隧道连接请求，无需再经过一个单独的 LAC 设备。LAC 客户端地址的分配由 LNS 来完成。LAC 客户端可直接向 LNS

发起隧道连接请求，无需再经过一个单独的 LAC 设备，LAC 客户端地址的分配由 LNS 来完成，如图 6-4 所示。

图 6-4　客户端方式访问 L2TP VPN

　　VPN 客户端首先获得公网地址，与 LNS 之间保持连通，向 LNS 发起建立隧道请求；LNS 端为用户分配私网地址，准许用户接入内部网络。这种方式的 L2TP 协议允许移动用户直接发起 L2TP 隧道连接，要求移动用户安装 VPDN 的客户端软件，需要知道 LNS 的公网 IP 地址。

6.6.2 NAS-Initialized 接入方式 VPN

　　用户通过 PSTN/ISDN 接入 NAS(LAC)，LAC 判断如果是 VPN 用户，由 LAC 通过 Internet 向 LNS 发起建立通道连接请求，拨号用户地址由 LNS 分配，对远程拨号用户的验证与计费既可由 LAC 侧的代理完成，也可在 LNS 侧完成，如图 6-5 所示。

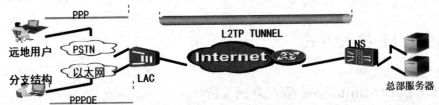

图 6-5　NAS 连接方式 L2TP VPN

　　这种方式的 L2TP 协议，允许用户在接入到 Internet 的时候，通过 BAS 设备发起 L2TP 隧道连接，这个时候移动用户是不需要安装额外的 VPDN 软件的，但是必须采用 PPP 方式接入到 Internet，也可以是 PPPOE 等协议。

　　当在 LAC 设备上对用户的用户名、密码进行验证的时候，根据用户名就可以知道是 L2TP 隧道用户，然后自动向 LNS 设备发起连接，用户自然就接入了自己的企业 VPN 中。

　　此方案适用于小型局域网访问公司总部网络。包含 VPN 客户端、LAC 和

LNS 三种类型组件。VPN Client，向 LAC 设备发起 PPP(或 PPPOE)连接；LAC 判断用户是否 L2TP 用户，如果是，判断用户向哪个 LNS 发起隧道请求；LNS 为用户分配私网地址，准许用户接入内部网络。

对于这种接入方式的 VPDN，主要有 5 个特点。

（1）用户必须采用 PPP 方式接入 Internet，比如 PPPOE 或者是传统的 PPP 拨号方式等；

（2）在运营商的接入设备上（主要是 BAS 设备）需要开通相应的 VPN 服务；

（3）用户需要到运营商处申请该业务；

（4）对客户端没有任何要求，用户感知不到已经接入了企业网，完全是运营商提供 L2TP 隧道服务；

（5）一个隧道承载多个会话。

6.7 配置 L2TP VPN

某公司的总部和分支机构均使用 FW 作为网关。分支机构的员工需要跨越 Internet 访问总部服务器。公司总部的网关为 LNS，分支机构网关为 LAC。为提高访问的安全性，要在 LNS 和 LAC 之间建立 L2TP 隧道，分支机构员工通过 L2TP 隧道访问总部服务器。

经过调研发现，分支机构员工需要通过总部服务器来办公，访问服务器的频率非常高。为提高访问效率，可在 LAC 侧进行自主拨号，建立一个永久的 L2TP 隧道。这样一旦 LAC 和 LNS 的 L2TP 隧道建立成功，分支机构用户即可访问总部服务器，而免去了拨号的麻烦。自主拨号情况下，只需要一个 L2TP 用户，故 LNS 侧采用本地认证方式即可，其组网图如图 6-6 所示，网络拓扑图如图 6-7 所示。

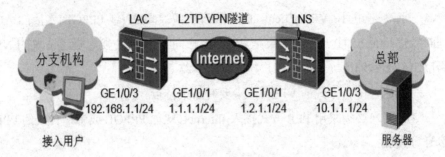

图 6-6　L2TP VPN 组网图

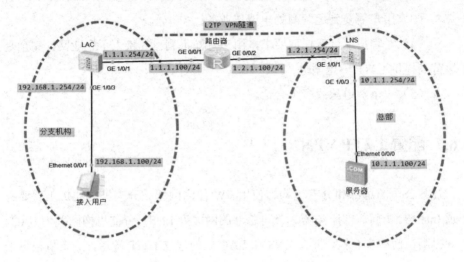

图 6-7　L2TP VPN 网络拓扑图

在配置 L2TP VPN 时，需要分别配置 LAC 和 LNS，可以用 Web 页面访问，也可以用命令模式访问，如果使用 Web 页面访问，需要在网络拓扑图上画出云朵，使得物理机的浏览器可以访问 ensp 模拟器中的 LAC 和 LNS，如图 6-8 所示。要启动 Web 页面访问，需要配置 LAC 和 LNS 接口 g0/0/0 的 IP 地址（LAC 的 IP 地址为 192.168.0.1/24，LNS 的 IP 地址为 192.168.0.2/24），并开启 https 服务，通过浏览器访问 LAC 和 LNS，具体命令如下。

（1）LAC 端：

[USG6000V1]interface g0/0/0

[USG6000V1-GigabitEthernet0/0/0]service-manage all permit

（2）LNS 端：

[USG6000V1]interface g0/0/0

[USG6000V1-GigabitEthernet0/0/0] ip address 192.168.0.2 24

[USG6000V1-GigabitEthernet0/0/0]service-manage all permit

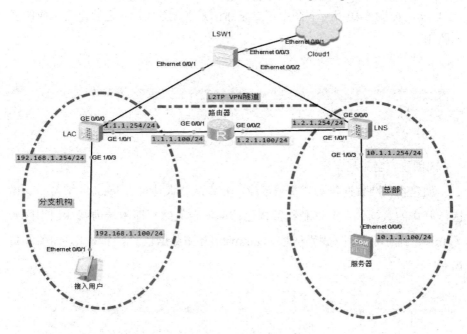

图 6-8　部署 Web 页面配置 L2TP VPN

6.7.1 配置 LAC

1.配置接口 IP 地址

按照网络拓扑图在 Web 页面的网络-->接口中设置接口 GE1/0/1 的 IP 地址为 1.1.1.254，并将该接口添加到 untrust 区域，设置接口 GE1/0/3 的 IP 地址为 192.168.1.254，并将该接口添加到 trust 区域，在测试过程中为了能够执行 ping 操作，接口开启 ping 服务，如图 6-9 所示。

GE0/0/0(GE0/METH)	trust(default)	192.168.0.1	静态IP (IPv4 静态IP (IPv6	路由	↑
GE1/0/0	-- NONE --(public)	--	静态IP (IPv4 静态IP (IPv6	路由	↓
GE1/0/1	untrust(public)	1.1.1.254	静态IP (IPv4 静态IP (IPv6	路由	↑
GE1/0/2	-- NONE --(public)	--	静态IP (IPv4 静态IP (IPv6	路由	↓
GE1/0/3	trust(public)	192.168.1.254 --	静态IP (IPv4 静态IP (IPv6	路由	↑
			静态IP (IPv4		

图 6-9　配置接口 IP 地址

2.创建静态路由

创建缺省路由，目的地到 0.0.0.0/24，出接口用 GE1/0/1，下一跳到路由器 1.1.1.100，如图 6-10 所示，图中第二条路由是在创建 L2TP 之后自动生成的静态路由。

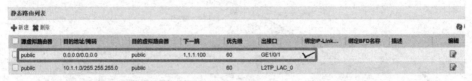

図 6-10　创建静态路由

3.创建安全策略

创建互联网数据包访问安全策略，允许从防火墙自身 local 区域与 untrust 区域互访的数据包，允许私网数据包访问安全策略，即本端内网（识别区域为 trust）到对端内网（识别区域为 untrust）互访数据包的安全策略，如图 6-11 所示。

序号	名称	描述	标签	VLA...	源安全...	目的安...	源地址/地区	目的地址/地区	用户	服务	应用	时间段	动作
1	local-untr...			any	local	untrust	1.1.1.254/255.255.255.255	1.2.1.254/255.255.255.255	any	any	any	any	允许
2	untrust-lo...			any	untrust	local	1.2.1.254/255.255.255.255	1.1.1.254/255.255.255.255	any	any	any	any	允许
3	trust-untrust			any	trust	untrust	192.168.1.0/255.255.255.0	10.1.1.0/255.255.255.0	any	any	any	any	允许
4	untrust-trust			any	untrust	trust	10.1.1.0/255.255.255.0	192.168.1.0/255.255.255.0	any	any	any	any	允许

図 6-11　配置安全策略

4.创建 L2TP

创建 L2TP VPN，指定本端隧道名称为 LAC，启用隧道密码认证，设置密码，两次重复输入的密码与对端 LNS 密码一致，指定服务器 IP 地址，启用 LAC 自动拨号，绑定用户 m1（该用户为 LNS 端创建的用户），隧道路由指定对端内网网络地址，具体配置过程如图 6-12 所示。

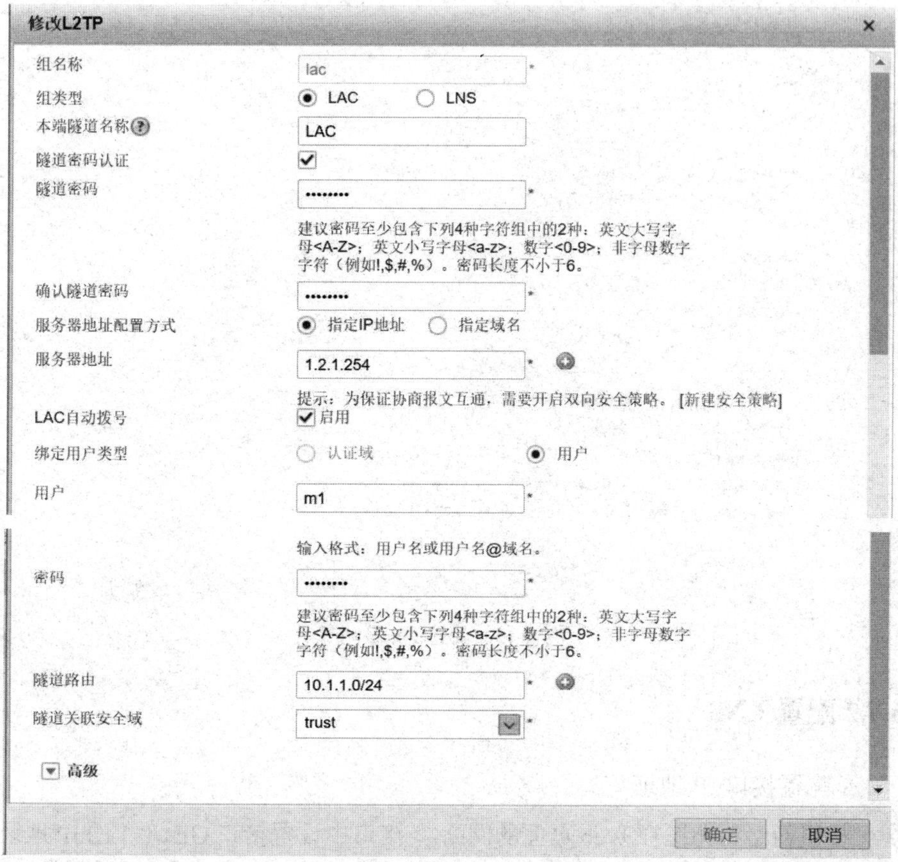

图 6-12　配置 L2TP VPN

5.创建 nat 策略

创建 nat 策略，将 LAC 端内网数据包引入 L2TP_LAC_0 口转发出去，该接口只有在创建 L2TP VPN 后才会产生，如图 6-13 所示。

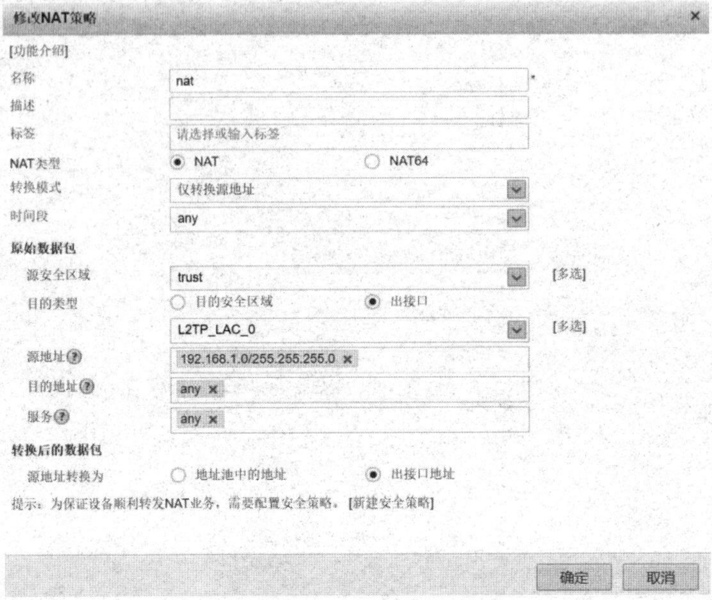

图 6-13　配置 nat 策略

6.7.2 配置 LNS

1.配置接口 IP 地址

按照网络拓扑图在 Web 页面的网络-->接口中设置接口 GE1/0/1 的 IP 地址为 1.2.1.254，并将该接口添加到 untrust 区域，设置接口 GE1/0/3 的 IP 地址为 10.1.1.254，并将该接口添加到 trust 区域，在测试过程中为了能够执行 ping 操作，接口开启 ping 服务，如图 6-14 所示。

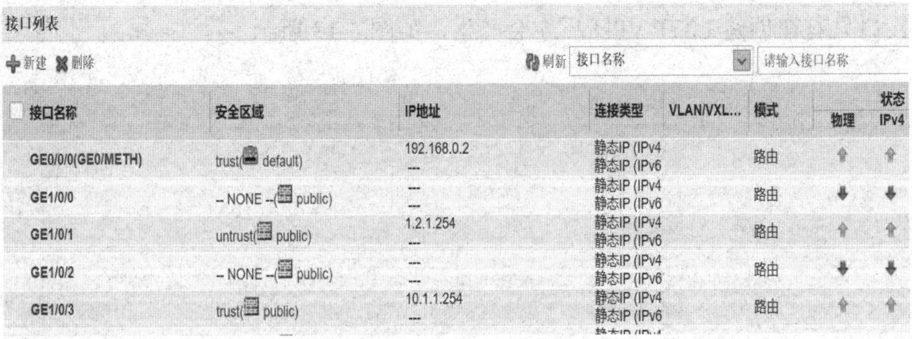

接口名称	安全区域	IP地址	连接类型	VLAN/VXL...	模式	物理	状态 IPv4
GE0/0/0(GE0/METH)	trust(default)	192.168.0.2 ---	静态IP (IPv4) 静态IP (IPv6)		路由	↑	↑
GE1/0/0	-- NONE --(public)	---	静态IP (IPv4) 静态IP (IPv6)		路由	↓	↓
GE1/0/1	untrust(public)	1.2.1.254	静态IP (IPv4) 静态IP (IPv6)		路由	↑	↑
GE1/0/2	-- NONE --(public)	---	静态IP (IPv4) 静态IP (IPv6)		路由	↓	↓
GE1/0/3	trust(public)	10.1.1.254	静态IP (IPv4) 静态IP (IPv6)		路由	↑	↑

图 6-14　配置接口 IP 地址

2.创建静态路由

创建缺省路由，目的地到 0.0.0.0/24，出接口用 GE1/0/1，下一跳到路由器 1.2.1.100，如图 6-15 所示。

静态路由列表								
✚ 新建 ✖ 删除								
□ 源虚拟路由器	目的地址/掩码	目的虚拟路由器	下一跳	优先级	出接口	绑定IP-Link...	绑定BFD名称	描述
□ public	0.0.0.0/0.0.0.0	public	1.2.1.100	60	GE1/0/1			

图 6-15　创建静态路由

3.创建认证登录用户 m1（与 LAC 端的用户和密码相同）

为使远端系统的用户能够登录 LNS 端，需要给远端系统用户新建用户，此处用户与 LAC 端登录的用户 m1 相同（包括密码）：对象-->用户-->default-->新建用户 m1，并设置相应访问密码，如图 6-16 所示。

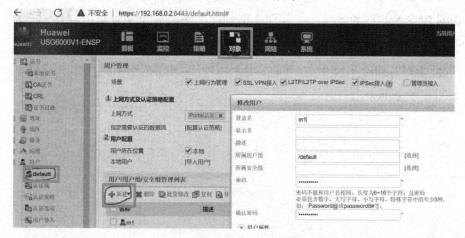

图 6-16　新建 m1 用户

4.创建安全策略

创建互联网数据包访问安全策略，允许从防火墙自身 local 区域与 untrust 区域互访数据包，允许私网数据包访问安全策略，即本端内网（识别区域为 trust）到对端内网（识别区域为 untrust）互访数据包的安全策略，如图 6-17 所示。

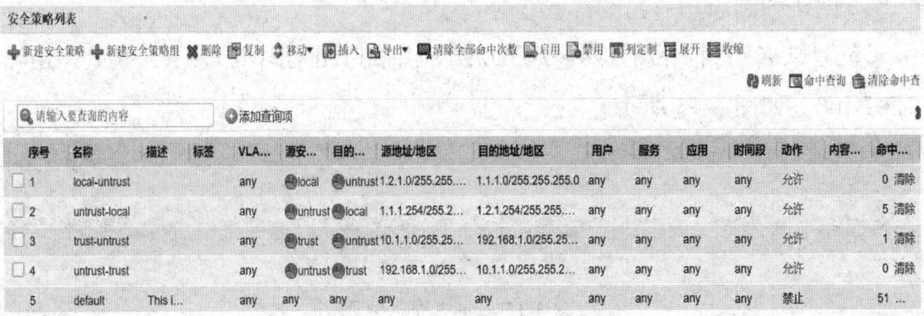

安全策略列表

➕新建安全策略 ➕新建安全策略组 ✖删除 复制 移动▼ 插入 导出▼ 清除全部命中次数 启用 禁用 列定制 展开 收缩

刷新 命中查询 清除命中查

序号	名称	描述	标签	VLA...	源安...	目的...	源地址/地区	目的地址/地区	用户	服务	应用	时间段	动作	内容...	命中...
☐ 1	local-untrust			any	local	untrust	1.2.1.0/255.255...	1.1.1.0/255.255.255.0	any	any	any	any	允许		0 清除
☐ 2	untrust-local			any	untrust	local	1.1.1.254/255.2...	1.2.1.254/255.255...	any	any	any	any	允许		5 清除
☐ 3	trust-untrust			any	trust	untrust	10.1.1.0/255.25...	192.168.1.0/255.25...	any	any	any	any	允许		1 清除
☐ 4	untrust-trust			any	untrust	trust	192.168.1.0/255...	10.1.1.0/255.255.2...	any	any	any	any	允许		0 清除
5	default	This i...		any	any	any		any		any	any	any	禁止		51 ...

图 6-17　创建安全策略

5.创建 L2TP VPN（需要新建用户地址池）

启用 L2TP，并新建 L2TP 组列表，本端隧道名为 LNS，对端隧道名为 LAC 端创建的 L2TP 名称，启用隧道密码认证，两次密码相同。由于远端系统用户访问 LNS 端内网的时候，使用私网 IP 地址，该私网 IP 地址是由 LNS 端分配的，故在 LNS 端需要配置分配 IP 地址的服务器（此处服务器 IP 地址指定为 10.2.1.1/24），如图 6-18 所示，并创建分配地址的地址池（地址池名称为 L2TPip），如图 6-19 所示。

图 6-18　配置 LNS 端 L2TP VPN

新建IP地址池   ✕

名称   L2TPip   *

地址池范围   10.2.1.100-10.2.1.200

                                                          每行可配置一个IP地址/范围,
                                                          行之间用回车分隔,
                                                          示例:
                                                          110.10.1.2
                                                          10.10.1.2-10.10.1.10

扩展网络属性

    首选DNS服务器

    备选DNS服务器

    首选NBNS服务器

    备选NBNS服务器

                                                          确定   取消

图 6-19   指定地址池

6.7.3 测试(远程客户接入端 ping 服务器,再在 L2TP VPN 中打开监控,观察 L2TP 会话信息)

1.远程客户接入端 ping 服务器

如图 6-20 所示,远端客户端主机 PC1 ping LNS 端服务器,网络连通,表示有数据包通过。

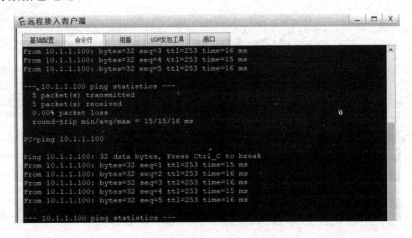

图 6-20   远端用户 ping 服务器

2.L2TP 监控（LAC 端）

在网络 L2TP 的监控中，查看到 L2TP 通道监控列表，如图 6-21 所示，展开会话数 1，查看到会话详细信息，如图 6-22 所示。

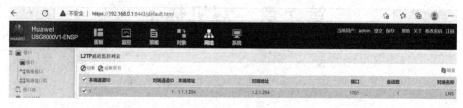

图 6-21　L2TP 监控列表

用户名	本端IP	对端IP	本端SID	对端SID	本端TID
m1	10.2.1.182	10.2.1.1	19	1	19

图 6-22　会话详细信息

3.L2TP 监控（LNS 端）

在 LNS 端查看到的 L2TP 监控列表如图 6-23 所示，展开的会话信息如图 6-24 所示。

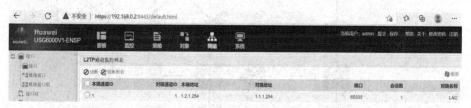

图 6-23　LNS 端 L2TP 监控列表

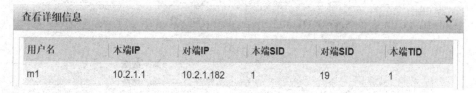

用户名	本端IP	对端IP	本端SID	对端SID	本端TID
m1	10.2.1.1	10.2.1.182	1	19	1

图 6-24　LNS 端会话信息

第 7 章 双机热备

7.1 双击热备概述

双机热备功能可以保证网络中主用设备出现故障时，备用设备能够平衡地接替主用设备的工作，从而实现业务的不间断运行。在网络架构设计时，通常会在网络的关键位置部署两台网络设备，以提升网络的可靠性。如图 7-1 所示。当一台防火墙出现故障时，流量会通过另外一台防火墙所在的链路转发，保证内外网之间业务正常运行。

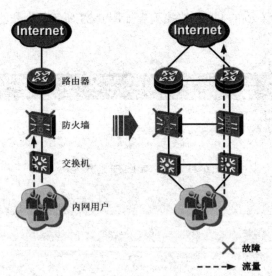

图 7-1 双机热备分流

防火墙的双机热备功能会提供一条专门的备份通道，用于两台防火墙之间协商主备状态，以及会话等状态信息和配置命令的备份。双机热备主要包括主备备份和负载分担两种方式。

主备备份是指正常情况下仅由主用设备处理业务，备用设备空闲；当主用设备接口、链路或整机故障时，备用设备切换为主用设备，接替主用设备处理业务，如图 7-2 所示。在正常情况下，主用设备 NGFW_A 将会话信息备份到 NGFW_B 备用设备，一旦主用设备 NGFW_A 发生故障，则由防火墙NGFW_B 承担其工作任务。

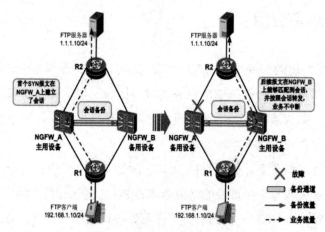

图 7-2　主备备份双机热备防火墙

负载分担也称为"互为主备"，即两台设备同时处理业务。当其中一台设备发生故障时，另一台设备会立即承担其业务，保证原来需要通过这台设备转发的业务不中断，如图 7-3 所示。

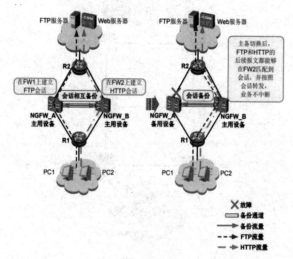

图 7-3　负载分担双机热备

正常情况下，防火墙 NGFW_A 和防火墙 NGFW_B 各自承担自己的工作任务 FTP 业务和 WEB 业务，它们都作为主用设备，相互之间进行会话备份，但是当其中一个防火墙发生故障，如 NGFW_A 发送故障，这时候该防火墙变为备用设备，其承担的 FTP 任务转由防火墙 NGFW_B 来实现。

7.2 双机热备应用

双机热备常用的部署方式由直路部署、透明接入部署和旁挂部署等三种方式。直路部署是指两台防火墙的业务接口工作在三层，并且串联部署在上下行设备之间。防火墙需要与上下行设备之间运行路由协议，上下行设备之间的业务流量都会经过防火墙。

直路部署双机热备，防火墙的上、下行业务接口工作在三层，与二层交换机直连。防火墙与交换机后的路由器或者 PC 之间运行静态路由，如图 7-4 所示。NGFW_A、NGFW_B 的上、下行业务接口工作在三层，与二层交换机 Swithc1-4 直连，串联地部署在上下行设备之间，这是一种典型双机热备组网，广泛用于中小型网络或防火墙作网关的网络。

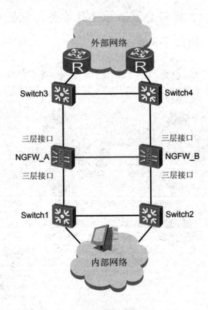

图 7-4　直路部署双机热备

　　透明接入部署双机热备是指两台防火墙的业务接口工作在二层，并且透明部署在现有的上下行设备之间。防火墙不参与上下行设备之间的路由计算，因此防火墙在接入到现有网络中时，上下行设备都不需要修改配置。

　　如图 7-5 所示，NGFW_A、NGFW_B 的上、下行业务接口工作在二层，与二层交换机 Switch1-4 直连。每台 NGFW 的上下行业务接口加入到同一个 VLAN。在此组网中，NGFW 透明接入到原有交换机网络，不改变网络拓扑。注意，NGFW 的业务接口工作在二层，是不能运行与 IP 地址相关的业务。

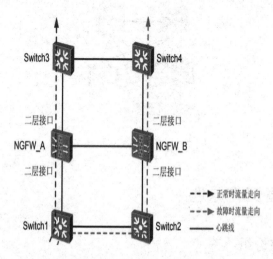

图 7-5　透明接入双机热备

　　旁挂部署双机热备是指两台 FW 的业务接口工作在三层，并且旁挂在二层或三层设备上。有选择的将通过被旁挂设备的流量引导到 FW 上，即对需要进行安全检测的流量引导到 FW 上进行处理，对不需要进行安全检测的流量直接通过被旁挂设备转发。如图 7-6 所示，两台 FW 通过心跳线相连，旁挂在 Switch 三层交换机侧,通过 Switch 三层交换机需要被引流的流量被引导到旁挂的 FW 上进行安全检测。

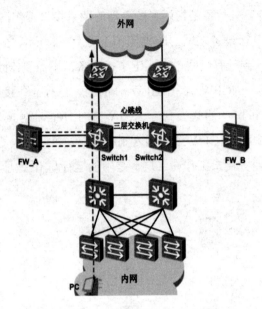

图 7-6　旁挂部署双机热备

7.3 双机热备工作原理

7.3.1 VRRP 备份组

在 USG6000V 双机热备中使用 VRRP 容错协议，建立备份组，对备份组中是否存在故障路由，从而选择数据包分支走向，如图 7-7 所示。将路由器 Router1 和 Router2 放到 VRRP 备份组 1 中，路由器对外呈现的虚拟 IP 地址为 10.1.1.3/24，虚拟 MAC 地址为 00-00-5E-00-01-01，确定 Router1 为 Master 主路由器，优先级为 110，Router2 为 Backup 备份路由器，优先级为 100，正常情况下由主路由器承担路由转发功能，一旦主路由器发生故障，将由另外一个路由器承担数据包转发任务，其功能的切换由 VRRP 封装实现，在下端的 PC 主机中如果需要通过路由器访问互联网，只需要设置知道 VRRP 备份组 1 虚拟 IP 地址 10.1.1.3，并设置其网关地址为该虚拟 IP 地址即可，而内部两个路由器的接口 IP 地址无需知道。

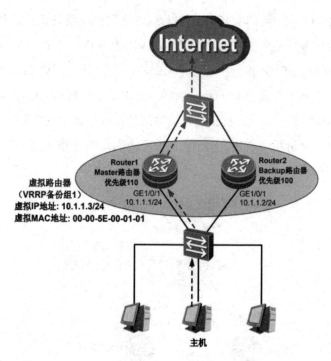

图 7-7　VRRP 备份组

7.3.2 VGMP 解决 VRRP 丢包问题

1.VRRP 丢包问题

如图 7-8 所示，两台 Router 的下行 GE1/0/1 接口加入 VRRP 备份组 1（虚拟 IP 地址为 10.1.1.1/24），上行接口 GE1/0/3 加入 VRRP 备份组 2（虚拟 IP 地址为 1.1.1.1/24）。在正常情况下，由于 Router1 是 Master 主路由器，Router1 的 VRRP 备份组 1 的状态为 Active，VRRP 备份组 2 的状态为 Active，所以 Router1 是 VRRP 备份组 1 中的 Active 路由器，也是 VRRP 备份组 2 的 Active 路由器。这样内外网之间的业务报文都会通过 Router1 转发。

当主路由器 Router1 的 GE1/0/1 接口发生故障时，VRRP 备份组 1 发生状态切换：Router1 的 VRRP 备份组 1 状态回归到初始状态（Initialize），Router2 的 VRRP 备份组 1 状态切换成活动状态（Active）。这样 Router2 成为 VRRP 备份组 1 中的 Active 路由器，并向 LSW1 发送免费 ARP 报文，刷新 LSW1 中的 MAC 表项。这时 PC1 访问 PC2（内网访问外网）的报文通过 Router2 转发。

由于 Router1 上端接口 GE1/0/3 与 LSW2 之间的链路是正常的，所以 VRRP 备份组 2 的状态是不变的，Router1 仍然是 VRRP 备份组 2 中的 Active 路由器，而 Router2 仍是 VRRP 备份组 2 中的 Standby 路由器。因此 PC2 返回给 PC1 的回程报文依然会转发给 Router1，而 Router1 的下行接口 GE1/0/1 是故障的，所以 Router1 只能丢弃此回程报文，这就导致了业务流量的中断。

通过以上分析可以看出，VRRP 备份组之间是相互独立的，当一台设备上出现多个 VRRP 备份组时，它们之间的状态无法同步。

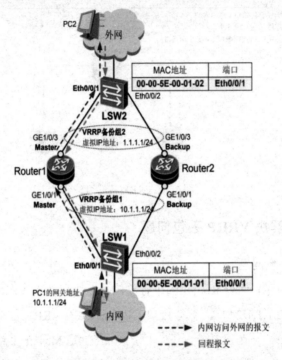

图 7-8　VRRP 丢包问题

2.VGMP 概述

为了解决多个 VRRP 备份组状态不一致的问题，华为引入 VRRP 组管理协议 VGMP 来实现对 VRRP 备份组的统一管理，保证多个 VRRP 备份组状态的一致性。将 FW 上的所有 VRRP 备份组都加入到一个 VGMP 组中，由 VGMP 组来集中监控并管理所有的 VRRP 备份组状态。如果 VGMP 组检测到其中一个 VRRP 备份组的状态变化，则 VGMP 组会控制组中的所有 VRRP 备份组统一进行状态切换，保证各 VRRP 备份组状态的一致性。

每台 FW 上有一个 VGMP 组，VGMP 组有四种状态：

（1）Initialize：启用双机热备功能后，VGMP 组的短暂初始状态。

（2）Load Balance：当 FW 本端的 VGMP 组与对端的 VGMP 组优先级相等时，两端的 VGMP 组都处于 Load Balance 状态。

（3）Active：当本端的 VGMP 组优先级高于对端时，本端的 VGMP 组处于 Active 状态。

（4）Standby：当本端的 VGMP 组优先级低于对端时，本端的 VGMP 组处于 Standby 状态。

两台 FW 组成双机热备组网后，正常情况下，两台 FW 的 VGMP 组优先级相等，且都处于 Load Balance 状态。这时两台 FW 处于负载分担状态。

3.VGMP 解决 VRRP 问题

如图 7-9 所示，当 FW_A 的接口故障时，VGMP 组控制 VRRP 备份组状态统一切换的过程为：

（1）当 FW_A 的 GE1/0/1 接口故障时，FW_A 上的 VRRP 备份组 1 发生状态切换（由 Active 切换成 Initialize）；

（2）FW_A 的 VGMP 组感知到这一故障后，会降低自身的优先级，然后与 FW_B 的 VGMP 组比较优先级，重新协商主备状态；

（3）协商后，FW_A 的 VGMP 组状态切换成 Standby，FW_B 的 VGMP 组状态切换成 Active；

（4）同时，FW_A 的 VGMP 组会强制组内的 VRRP 备份组 2 切换成 Standby 状态，FW_B 的 VGMP 组也会强制组内的 VRRP 备份组 1 和 2 切换成 Active 状态，这样 FW_B 就成为了 VRRP 备份组 1 和 VRRP 备份组 2 中的 Active 路由器，也就成了两台 FW 中的主用设备，而 FW_A 则成为了 VRRP 备份组 1 和 VRRP 备份组 2 中的 Standby 路由器，也就成为了两台 FW 中的备用设备；

（5）FW_B 会分别向 LSW1 和 LSW2 发送免费 ARP，更新 MAC 转发表，使 PC1 访问 PC2 的上行报文和回程报文都转发到 FW_B，就完成了 VRRP 备份组状态的统一切换，并且保证业务流量不会中断。

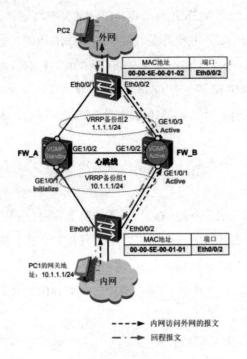

图 7-9　VGMP 解决 VRRP 问题

7.3.3 HRP 协议

1.HRP 作用

双机热备需要实现主、备防火墙上会话的备份，因此在实现双机热备的两个防火墙之间有一根心跳线，将其连接起来，在华为防火墙上进行会话备份引入了 HRP 协议，以实现对 FW 双机之间动态状态数据和关键配置命令进行备份。

在主备备份组网下，配置命令和状态信息都由主用设备备份到备用设备。而在负载分担组网下，两台 FW 都是主用设备。因此如果允许两台主用设备之间相互备份命令，那么可能会导致两台设备命令相互覆盖或冲突的问题。所以为了方便管理员对两台 FW 配置的统一管理，避免混乱，引入配置主设备和配置从设备的概念。

定义负载分担组网下，发送备份配置命令的 FW 称为配置主设备，接收备份配置命令的 FW 称为配置从设备。在负载分担组网下，配置命令只能由"配置主设备"备份到"配置备设备"。

2.HRP 备份实现原理

FW 通过心跳口（HRP 备份通道）发送和接收 HRP 数据报文来实现配置和状态信息的备份。HRP 数据备份的过程如图 7-10 所示。

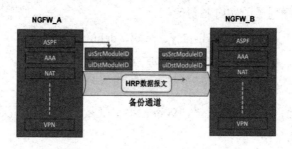

图 7-10　HRP 数据备份

（1）FW_A 在发送 HRP 数据报文时，会将特性模块（本例为 ASPF）的 ID 写入 HRP 数据报文的"usSrcModuleID"和"ulDstModuleID"字段中，并将特性模块的配置和表项信息封装到 HRP 数据报文中。

（2）FW_A 将 HRP 数据报文通过备份通道（心跳线）发送给 FW_B。

（3）FW_B 收到 HRP 数据报文后，会根据 HRP 数据报文中的"usSrcModuleID"和"ulDstModuleID"字段将报文中的配置和表项信息发送到本端的特性模块，并进行配置与表项的下发。

3.HRP 能够备份的配置与状态信息

一般在主用防火墙上的信息通过备份可以自动传输到备用防火墙上，在备用防火墙上不需要单独创建，使用 HRP 协议进行备份的主要有配置信息和状态信息等。

（1）在防火墙上能够备份的配置信息

①策略：安全策略、NAT 策略、带宽管理、攻击防范、黑名单、ASPF。

②对象：地址、地区、服务、应用、用户、认证服务器、时间段、签名、安全配置文件（反病毒、入侵防御）。

③网络：新建逻辑接口、安全区域、DNS、IPSec。

④系统：管理员、日志配置。

（2）防火墙上能够备份的状态信息

在防火墙上能够进行备份的状态信息包括会话表、SeverMap 表、静态 ARP 表、黑名单、白名单、PAT 方式端口映射表、NO-PAT 方式地址映射表、二层转发表（静态 MAC 备份）、AAA 用户表（缺省用户 admin 不备份）、PKI 证书，CRL、IPSec 备份（支持 IKE、IKEv2 安全联盟的备份、隧道的批量备份、支隧道和序列号的实时备份等）。

注意：防火墙上不支持 display、reset、debugging 命令备份；不支持接口地址和路由配置等备份，这些配置需要单独创建。

4.HRP 的三种备份方式

双机热备的 HRP 支持以自动备份、手工批量备份和快速备份三种方式。

（1）自动备份

自动备份功能缺省为开启状态，能够自动实时备份配置命令和周期性地备份状态信息，适用于各种双机热备组网。

启用自动备份功能后，主用设备上每执行一条可以备份的命令时，此配置命令就会被立即同步备份到备用设备上。如果在主用设备上执行不可以备份的命令，则该命令仅在主用设备上执行。对于可以备份的配置命令，只能在主用设备上配置，备用设备上不能配置。对于不可以备份的配置命令，备用设备上可以配置。启用自动备份功能后，主用设备会周期性地将可以备份的状态信息备份到备用设备上。即主用设备的状态信息建立后不会立即备份，需要经过一个周期后才会备份到备用设备。

注意：自动备份不会备份防火墙到自身的会话信息，如管理员登录 FW 时产生的会话；不备份不完整的 TCP 三次握手会话信息。

（2）手工批量备份

手工批量备份由管理员手工触发，每执行一次手工批量备份命令，主用设备就会立即同步一次配置命令和状态信息到备用设备，它适用于主用设备和备用设备之间配置不同步，需要手工同步的场景。

（3）快速会话备份

快速会话备份适用于负载分担的工作方式，以应对报文来回路径不一致的场景。负载分担组网下，由于两台防火墙都是主用设备，都能转发报文，所以可能存在报文的来回路径不一致的情况，即来回两个方向的报文分别从不同的防火墙经过。

为了保证状态信息的及时同步，快速备份功能只是备份状态信息，不备份配置的命令。

启用快速备份功能后，主用设备会实时地将可以备份的状态信息同步到备用设备上，即在主用设备状态信息建立的时候立即将其实时备份到备用设备。

7.3.4 心跳口

两台 FW 之间备份的数据是通过心跳口发送和接收的，是通过心跳链路（备份通道）传输的。如图 7-11 所示，心跳口是状态独立且具有 IP 地址的接口，可以是一个物理接口（GE 接口），也可以是由多个物理接口捆绑而成的一个逻辑接口 Eth-Trunk。在 USG6000V 防火墙上可以通过 display hrp configuration check 命令查看主备防火墙上通过心跳口传输的信息一致性。

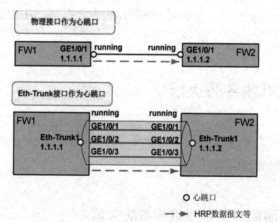

图 7-11 心跳口

心跳口在备份传输配置或会话信息的时候，在如下五种状态下完成。

（1）invalid：当本端 FW 上的心跳口配置错误时显示此状态（物理状态 up，协议状态 down），例如指定的心跳口为二层接口或未配置心跳接口的 IP 地址。

（2）down：当本端 FW 上的心跳口的物理与协议状态均为 down 时，则会显示此状态。

（3）peerdown：当本端 FW 上的心跳口的物理与协议状态均为 up 时，则心跳口会向对端对应的心跳口发送心跳链路探测报文。如果收不到对端响应的报文，那么 FW 会设置心跳接口状态为 peerdown。但是心跳口还会不断地发送心跳链路探测报文，以便当对端的对应心跳口 up 后，该心跳链路能处于连通状态。

（4）ready：当本端 FW 上的心跳口的物理与协议状态均为 up 时，则心跳口会向对端对应的心跳口发送心跳链路探测报文。如果对端心跳口能够响应此报文（也发送心跳链路探测报文），那么 FW 会设置本端心跳接口状态为 ready，随时准备发送和接受心跳报文。这时心跳口依旧会不断地发送心跳链路探测报文，以保证心跳链路的状态正常。

（5）running：当本端 FW 有多个处于 ready 状态的心跳口时，FW 会选择最先配置的心跳口形成心跳链路，并设置此心跳口的状态为 running。如果只有一个处于 ready 状态的心跳口，那么它自然会成为状态为 running 的心跳口。状态为 running 的接口负责发送和 HRP 心跳报文、HRP 数据报文、HRP 一致性检查报文和 VGMP 报文。

7.4 配置双机热备防火墙

双机热备有主备备份双机热备和负载分担双机热备，具体介绍如何配置主备备份和负载分担的双机热备。

7.4.1 Web 页面配置主备双机热备防火墙

为了保持企业在设备故障的情况下业务能够正常进行，企业给出了防火墙主备备份双机热备网络拓扑图，如图 7-12 所示，防火墙 FW_A 为主用防火墙，防火墙 FW_B 为备用防火墙，VRRP 备份组 1 虚拟 IP 地址为 10.2.0.250/24，通过设备接入外部网络，VRRP 备份组 2 虚拟 IP 地址为 10.3.0.250/24，GE1/0/6 接口作为心跳口，实现信息备份。

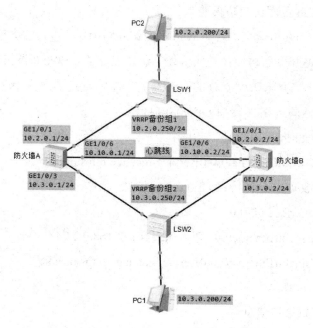

图 7-12　主备备份双机热备网络拓扑图

　　根据网络拓扑图设计并在 ensp 模拟器中设计 Web 页面访问防火墙，完成双机热备防火墙配置，防火墙 A、防火墙 B 的 GE0/0/0 口接到交换机 LSW4，到云朵 Cloud1，是为了实现 Web 页面访问防火墙，需要在防火墙 A、防火墙 B 上启动 https 服务，并且将其中一个防火墙 B 的 GE0/0/0 口的 IP 地址修改为 192.168.0.2/24，如图 7-13 所示。

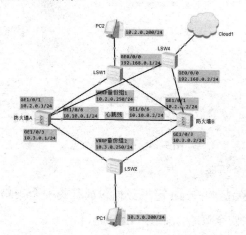

图 7-13　主备备份双机热备拓扑图

1.启动 Web 页面访问防火墙

修改 GE0/0/0 口信息，启动 Web 页面访问防火墙。进入防火墙命令模式，启动防火墙 Web 页面访问：在防火墙 A、B 上配置 GE0/0/0 接口信息，接口开启 https 服务，并将防火墙 B 的 GE0/0/0 口的 IP 地址修改为 192.168.0.2/24。

（1）修改防火墙 A 接口 GE0/0/0 口信息

[FW_A]interface g0/0/0

[FW_A-GigabitEthernet0/0/0]service-manage https permit

（2）修改防火墙 B 接口 GE0/0/0 口信息

[FW_B]interface g0/0/0

[FW_B-GigabitEthernet0/0/0]ip address 192.168.0.2 24

[FW_B-GigabitEthernet0/0/0]service-manage https permit

2.配置防火墙 A

（1）配置接口信息

配置接口 GE1/0/1 的 IP 地址为 10.2.0.1/24，并加入到 untrust 区域；配置接口 GE1/0/3 的 IP 地址为 10.3.0.1/24，并加入到 trust 区域；配置心跳口 GE1/0/6 的 IP 地址为 10.10.0.1/24，并加入到 dmz 区域，如图 7-14 所示。

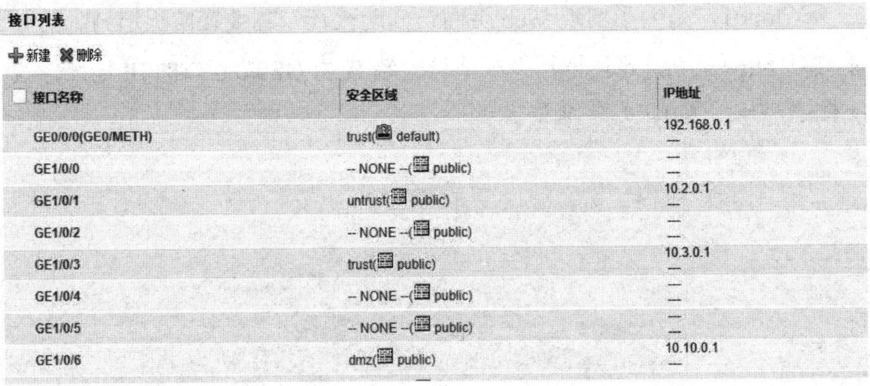

接口名称	安全区域	IP地址
GE0/0/0(GE0/METH)	trust(default)	192.168.0.1
GE1/0/0	-- NONE --(public)	---
GE1/0/1	untrust(public)	10.2.0.1
GE1/0/2	-- NONE --(public)	---
GE1/0/3	trust(public)	10.3.0.1
GE1/0/4	-- NONE --(public)	---
GE1/0/5	-- NONE --(public)	---
GE1/0/6	dmz(public)	10.10.0.1

图 7-14　配置接口信息

（2）配置安全策略

新建从 trust 区域到 untrust 区域数据包放行的安全策略，允许 local 区域与 dmz 区域互访的安全策略，如图 7-15 所示。

图 7-15　配置安全策略

（3）配置 NAT 转换

配置地址池地址 10.2.0.250（为 VRRP 备份组 1 的虚拟 IP 地址），对 trust 区域的源地址转换为地址池地址，如图 7-16 所示。

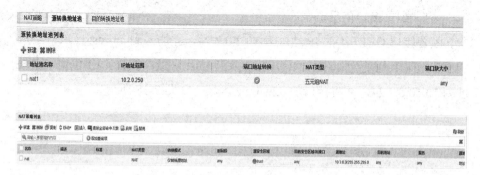

图 7-16　配置 NAT 转换

（4）配置双机热备

启动主备备份双机热备，选择 GE1/0/6 为心跳口，配置 VRRP 备份组 1、VRRP 备份组 2 的虚拟 IP 地址，如图 7-17 所示。

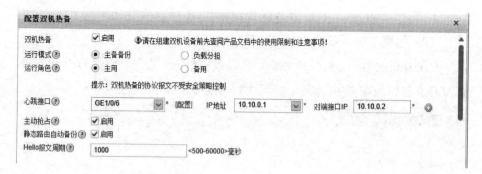

配置虚拟IP地址

提示：当业务接口工作在三层且连接交换机时，需要配置虚拟IP地址。

＋新建 ✖删除   刷新

VRID	接口	接口IP地址/掩码	虚拟IP地址/掩码	虚拟MAC	编辑
☐ 2	GE1/0/3	10.3.0.1/24	10.3.0.250/24	已启用	📝
☐ 1	GE1/0/1	10.2.0.1/24	10.2.0.250/24	已启用	📝

共 2 条

图 7-17　配置双机热备

3.配置防火墙 B

（1）配置接口信息

配置接口 GE1/0/1 的 IP 地址为 10.2.0.2/24，并加入到 untrust 区域；接口 GE1/0/3 的 IP 地址为 10.3.0.2/24，并加入到 trust 区域；接口 GE1/0/6 的 IP 地址为 10.10.0.2/24，并将接口加入到 dmz 区域，如图 7-18 所示。

接口列表

＋新建 ✖删除

接口名称	安全区域	IP地址	连接类型	VLAN/VX
GE0/0/0(GE0/METH)	trust(default)	192.168.0.2 ---	静态IP (IPv4) 静态IP (IPv6)	
GE1/0/0	-- NONE --(public)	---	静态IP (IPv4) 静态IP (IPv6)	
GE1/0/1	untrust(public)	10.2.0.2 ---	静态IP (IPv4) 静态IP (IPv6)	
GE1/0/2	-- NONE --(public)	---	静态IP (IPv4) 静态IP (IPv6)	
GE1/0/3	trust(public)	10.3.0.2 ---	静态IP (IPv4) 静态IP (IPv6)	
GE1/0/4	-- NONE --(public)	---	静态IP (IPv4) 静态IP (IPv6)	
GE1/0/5	-- NONE --(public)	---	静态IP (IPv4) 静态IP (IPv6)	
GE1/0/6	dmz(public)	10.10.0.2 ---	静态IP (IPv4) 静态IP (IPv6)	

图 7-18 配置接口信息

（2）配置双机热备

启用双机热备，运行主备备份，选择备用角色，心跳口选择 GE1/0/6，配置 VRRP 备份组虚拟 IP 地址，如图 7-19 所示。

配置双机热备				✕
双机热备	☑启用			
运行模式 ❓	◉ 主备备份	○ 负载分担		
运行角色 ❓	○ 主用	◉ 备用		
	提示：双机热备的协议报文不受安全策略控制			
心跳接口 ❓	GE1/0/6 ▾ * [配置]	IP地址 10.10.0.2 ▾	对端接口IP 10.10.0.1 * ➕	
主动抢占 ❓	☑启用			
静态路由自动备份 ❓	☑启用			
Hello报文周期 ❓	1000	<500-60000>毫秒		

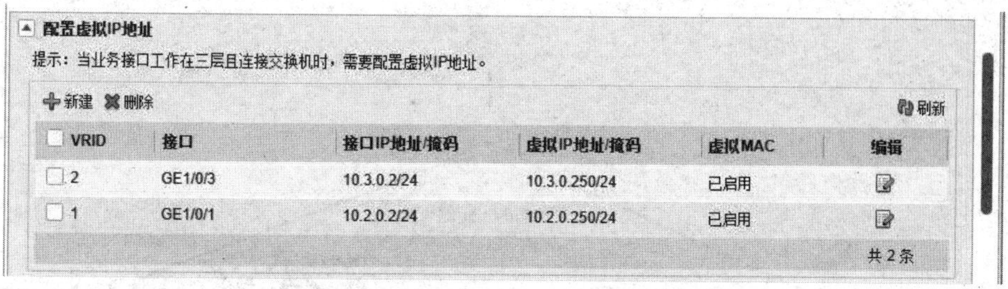

图 7-19 配置双机热备

7.4.2 命令模式配置主备双机热备防火墙

某企业主备备份双机热备防火墙网络拓扑图,如图 7-20 所示,主用防火墙 A 用心跳口 GE1/0/6 与备用防火墙 B 心跳口 GE1/0/6 相连,实现配置信息和会话等信息的备份;防火墙 A 的 GE1/0/1 口与防火墙 B 的 GE1/0/1 口加入 VRRP 备份组 1,备份组 1 的虚拟 IP 地址为 1.1.1.250,子网掩码为 255.255.255.0;防火墙 A 的 GE1/0/3 口与防火墙 B 的 GE1/0/3 口加入 VRRP 备份组 2,备份组 2 的虚拟 IP 地址为 10.2.0.250,子网掩码为 255.255.255.0;下端 PC1 的 IP 地址为 10.2.0.200/24,网关地址为 10.2.0.250;上端 PC2 的 IP 地址为 1.1.1.200/24,网关地址为 1.1.1.250。主用防火墙 A 要与互联网主机 PC2 通信,并实现双机热备,在防火墙 A 上需要配置 nat 转换,将内网 PC1 端的私网地址转换为与 VRRP 备份组 1 的公网地址相通,同时在防火墙 A 上创建 local<-->dmz 允许互访、trust-->untrust 区域允许访问的安全策略。要配置该双机热备防火墙,需要先配置主用防火墙 A,然后配置备用防火墙 B,用命令配置该主备备份双机热备防火墙,具体实现过程如下。

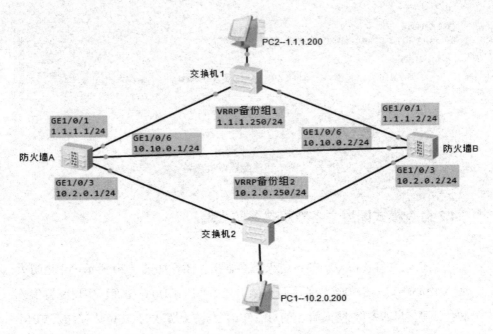

图 7-20　命令模式配置双机热备防火墙

1.配置防火墙 A

（1）启用双机热备，并指定双跳口为 GE1/0/6

[FW_A]hrp enable

[FW_A]hrp interface GigabitEthernet1/0/6 remote 10.10.0.2

HRP_M[FW_A]interface GigabitEthernet1/0/1

（2）新建 GE1/0/1 口 IP 地址，并新建 VRRP 组 1、IP 地址，同时启用其虚拟 MAC 地址

HRP_M[FW_A-GigabitEthernet1/0/1]ip address 1.1.1.1 255.255.255.0

HRP_M[FW_A-GigabitEthernet1/0/1]vrrp vrid 1 virtual-ip 1.1.1.250 active

HRP_M[FW_A-GigabitEthernet1/0/1]vrrp virtual-mac enable

（3）新建 GE1/0/3 口 IP 地址，并新建 VRRP 组 2、IP 地址，同时启用其虚拟 MAC 地址

HRP_M[FW_A]interface g1/0/3

HRP_M[FW_A-GigabitEthernet1/0/3]interface GigabitEthernet1/0/3

HRP_M[FW_A-GigabitEthernet1/0/3]ip address 10.2.0.1 255.255.255.0

HRP_M[FW_A-GigabitEthernet1/0/3]vrrp vrid 2 virtual-ip 10.2.0.250 active

HRP_M[FW_A-GigabitEthernet1/0/3]vrrp virtual-mac enable

（4）将接口 g1/0/1 加入到 untrust 区域，g1/0/3 加入到 trust 区域，g1/0/6 加入到 dmz 区域

HRP_M[FW_A]firewall zone untrust

HRP_M[FW_A-zone-untrust]add interface GigabitEthernet1/0/1

HRP_M[FW_A-zone-untrust]quit

HRP_M[FW_A]firewall zone trust

HRP_M[FW_A-zone-trust]add interface GigabitEthernet1/0/3

HRP_M[FW_A-zone-trust]quit

HRP_M[FW_A]firewall zone dmz

HRP_M[FW_A-zone-dmz]add interface GigabitEthernet1/0/6

HRP_M[FW_A-zone-dmz]quit

（5）新建 nat 地址组 g1,nat 规则 nat1，实现源地址转换。

HRP_M[FW_A]nat address-group g1

HRP_M[FW_A-address-group-g1]mode pat

HRP_M[FW_A-address-group-g1]section 1 1.1.1.10 1.1.1.11

HRP_M[FW_A]nat-policy

HRP_M[FW_A-policy-nat]rule name nat1

HRPHRP_M[FW_A-policy-nat-rule-nat1]destination-zone untrust

HRP_M[FW_A-policy-nat-rule-nat1]action source-nat address-group g1

（6）新建 trust->untrust、local->dmz、dmz->local

HRP_M[FW_A]security-policy

HRP_M[FW_A-policy-security]rule name trust-untrust

HRP_M[FW_A-policy-security-rule-trust-untrust]source-zone trust

HRP_M[FW_A-policy-security-rule-trust-untrust]destination-zone untrust

HRP_M[FW_A-policy-security-rule-trust-untrust]action permit

HRP_M[FW_A-policy-security-rule-trust-untrust]quit

HRP_M[FW_A-policy-security]rule name local-dmz

HRP_M[FW_A-policy-security-rule-local-dmz]source-zone local

HRP_M[FW_A-policy-security-rule-local-dmz]destination-zone dmz

HRP_M[FW_A-policy-security-rule-local-dmz]action permit

HRP_M[FW_A-policy-security-rule-local-dmz]quit

HRP_M[FW_A-policy-security]rule name dmz-local

HRP_M[FW_A-policy-security-rule-dmz-local]source-zone dmz

HRP_M[FW_A-policy-security-rule-dmz-local]destination-zone local

HRP_M[FW_A-policy-security-rule-dmz-local]action permit

2.配置防火墙 B

（1）启用双机热备，并指定双跳口为 GE1/0/6

[FW_B]hrp enable

[FW_B]hrp interface GigabitEthernet1/0/6 remote 10.10.0.1

HRP_M[FW_B]interface GigabitEthernet1/0/1

（2）新建 GE1/0/1 口 IP 地址，并新建 VRRP 组 1、IP 地址，同时启用其虚拟 MAC 地址

HRP_M[FW_B-GigabitEthernet1/0/1]ip address 1.1.1.2 255.255.255.0

HRP_M[FW_B-GigabitEthernet1/0/1]vrrp vrid 1 virtual-ip 1.1.1.250 standby

HRP_M[FW_B-GigabitEthernet1/0/1]vrrp virtual-mac enable

（3）新建 GE1/0/3 口 IP 地址，并新建 VRRP 组 2、IP 地址，同时启用其虚拟 MAC 地址

HRP_M[FW_B]interface g1/0/3

HRP_M[FW_B-GigabitEthernet1/0/3]interface GigabitEthernet1/0/3

HRP_M[FW_B-GigabitEthernet1/0/3]ip address 10.2.0.2 24

HRP_M[FW_B-GigabitEthernet1/0/3]vrrp vrid 2 virtual-ip 10.2.0.250 standby

HRP_M[FW_B-GigabitEthernet1/0/3]vrrp virtual-mac enable

3.测试

在防火墙 A 上新建一条 dmz-untrust 区域的安全策略，然后在防火墙 B 上查看自动备份增加了该条安全策略。

（1）防火墙 A 上新建 dmz-untrust 规则

HRP_M[FW_A]security-policy(+B)

HRP_M[FW_A-policy-security]rule name dmz-untrust (+B)

HRP_M[FW_A-policy-security-rule-dmz-untrust]source-zone dmz (+B)

HRP_M[FW_A-policy-security-rule-dmz-untrust]destination-zone   untrust (+B)

HRP_M[FW_A-policy-security-rule-dmz-untrust]action permit (+B)

HRP_M[FW_A-policy-security-rule-dmz-untrust]quit

（2）防火墙 B 上查看 dmz-untrust 规则是否传递过来

HRP_S[FW_B]display security-policy rule all

2023-06-30 12:57:47.140

Total:2

RULE ID	RULE NAME	STATE	ACTION	HITS
1	dmz-untrust	enable	permit	0
0	default	enable	deny	0

4.检验

在防火墙 A、B 上分别用 display hrp ?命令查看防火墙上双机热备信息。

HRP_M[FW_A]display hrp ?

configuration   Check local configuration with remote firewall

 history-information   Indicate HRP history information

 interface   Indicate HRP backup channels infomation

 state   Indicate the HRP status infomation

 statistic   Indicate HRP statistic information

如在防火墙 A 上，带上参数 history-information 查看历史信息：

HRP_M[FW_A]display hrp history-information

7.4.3 Web 页面配置负载分担双击热备

在 ensp 模拟器中完成防火墙负载分担双机热备配置，通过启动与测试双机热备防火墙实现情况，掌握负载分担双机热备防火墙的工作原理。根据图 7-21 在 ensp 模拟器中画出负载分担双机热备防火墙组网图，按照步骤分别在防火墙 A、防火墙 B 上实现负载分担双机热备防火墙配置。

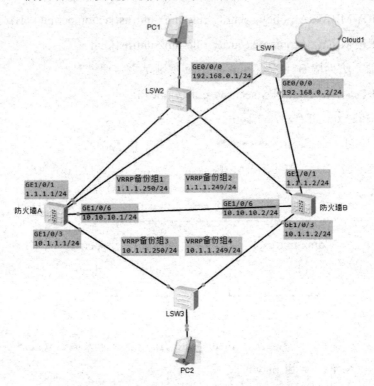

图 7-21　Web 页面配置负载分担双机热备防火墙

1.启动 Web 页面配置双机热备防火墙

（1）配置防火墙 A 接口 GE0/0/0 信息

在防火墙 A 上启动 https 服务。

[FW_A]interface g0/0/0

[FW_A-GigabitEthernet0/0/0]service-manage https permit

（2）配置防火墙 B 接口 GE0/0/0 信息

在防火墙 B 上启动 https 服务，并修改 GE0/0/0 的 IP 地址为 192.168.0.2/24。

[FW_A]interface g0/0/0

[FW_A-GigabitEthernet0/0/0]service-manage https permit

[FW_A-GigabitEthernet0/0/0]ip address 192.168.0.2 24

（3）配置云朵

将物理机上任意一网卡 IP 地址修改在 192.168.0.0/24 网段，如图 7-22 所示。然后设置云朵，如图 7-23 所示。

图 7-22　手动设置网卡 IP 地址

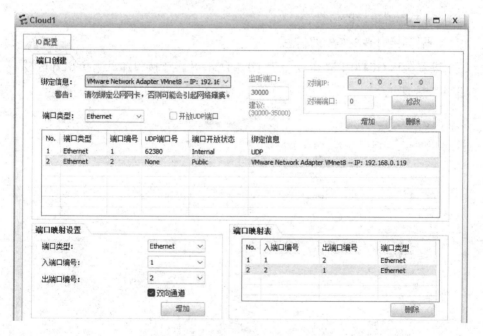

图 7-23　配置云朵

2.配置防火墙 A

在浏览器中输入 https://192.168.0.1:8443，进入防火墙登录页面输入用户名 admin 及修改后的密码登录到系统，通过 Web 页面配置防火墙，如图 7-24 所示。

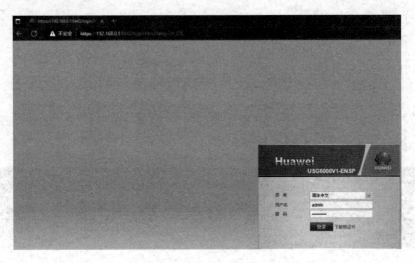

图 7-24　防火墙 Web 登录页面

（1）配置接口的信息

①配置接口 GE1/0/1 的信息

设置接口 GE1/0/1 的 IP 地址为 1.1.1.1/24，并将该接口加入到 untrust 区域，如图 7-25 所示。

图 7-25　配置接口 GE1/0/1 信息

②配置接口 GE1/0/3 的信息

设置接口 GE1/0/3 的 IP 地址为 10.1.1.1/24，并将该接口加入到 trust 区域，如图 7-26 所示。

图 7-26　配置接口 GE1/0/3 信息

③配置接口 GE1/0/6 的信息

设置接口 GE1/0/6 的 IP 地址为 10.10.10.1/24，并将该接口加入到 dmz 区域，如图 7-27 所示。

图 7-27　配置接口 GE1/0/6 信息

（2）配置安全策略

配置 trust--->untrust 区域和 local<---->dmz 区域的安全策略，如图 7-28 所示。

图 7-28　配置安全策略

（3）配置 NAT 地址池和策略

配置 NAT 地址池地址为 1.1.1.100-1.1.1.111，名称为 dzc1，如图 7-29 所示。配置 NAT 策略如图 7-30 所示。

图 7-29　NAT 地址池

图 7-30　NAT 策略

（4）配置负载分担双机热备

在 Web 页面中选择系统——高可靠性——双机热备——配置，然后在配置双机热备页面选择启用双机热备，运行模式选择负载分担，心跳口选择 GE1/0/6,对端接口 IP 为防火墙 B 的 IP 地址 10.10.10.2，启用静态路由自动备份，配置 VRRP 备份组 1-4 的信息如图 7-31 所示。

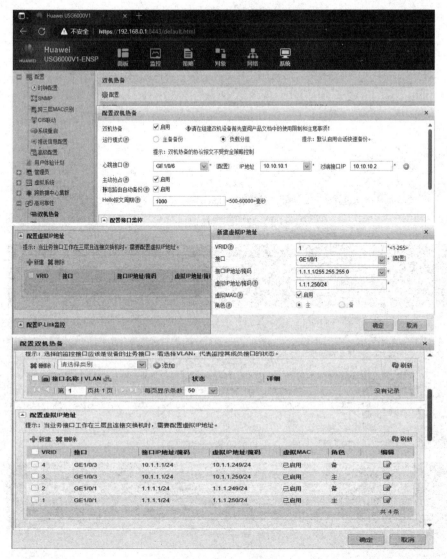

图 7-31　配置双机热备

3.配置防火墙 B

在浏览器中输入 https://192.168.0.2:8443，进入防火墙登录页面输入用户名 admin 及修改后的密码登录到系统，通过 Web 页面配置防火墙，参照防火墙 A 配置过程，配置防火墙 B 接口信息，如图 7-32 所示。配置双机热备信息如图 7-33 所示。

接口列表

新建 删除

接口名称	安全区域	IP地址
GE0/0/0(GE0/METH)	trust(default)	192.168.0.2
GE1/0/0	-- NONE --(public)	—
GE1/0/1	untrust(public)	1.1.1.2
GE1/0/2	-- NONE --(public)	—
GE1/0/3	trust(public)	10.1.1.2
GE1/0/4	-- NONE --(public)	—
GE1/0/5	-- NONE --(public)	—
GE1/0/6	dmz(public)	10.10.10.2

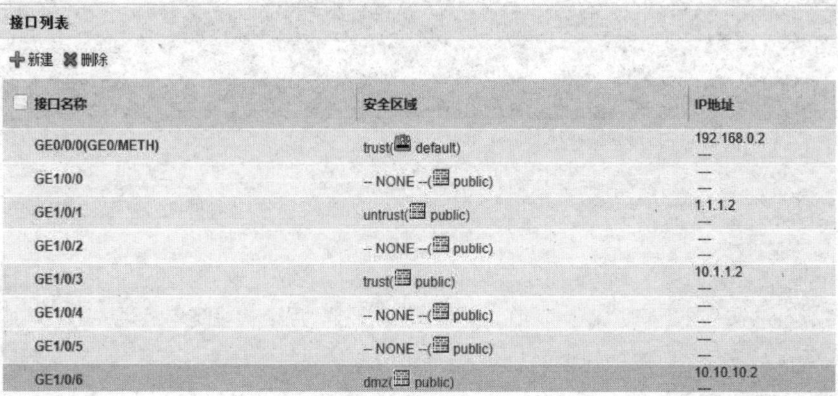

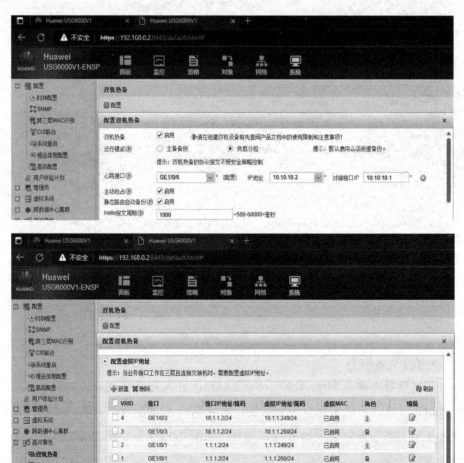

图 7-32　配置接口信息

图 7-33　配置双机热备

4.观察双机热备监控项目

观察防火墙 A 和防火墙 B 的双机热备监控项目,均已正常启用,如图 7-34 所示。

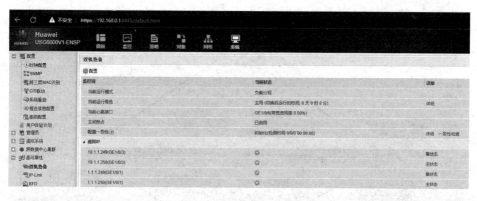

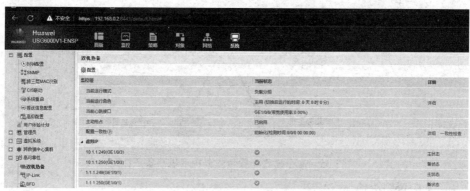

图 7-34　防火墙 A、B 上双机热备监控项

7.4.4　命令模式配置负载分担双机热备

如图 7-35 所示,防火墙 A 承担企业的 FTP 业务,防火墙 B 承担企业 Web 业务,当其中某一防火墙发生故障后,由另外一台防火墙承担其工作任务,需要在这两个防火墙上启动负载分担双机热备,并做好相应配置,具体配置过程如下。

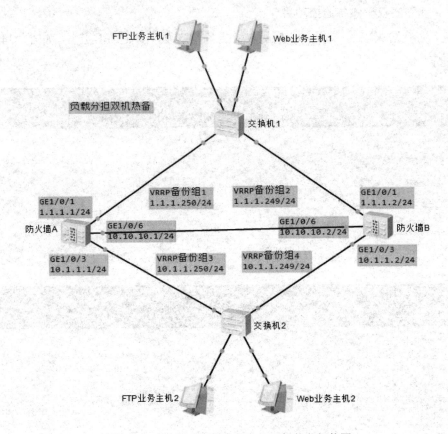

图 7-35　命令模式配置负载分担双机热备拓扑图

1.配置防火墙 A

（1）配置接口信息

①配置接口 GE1/0/1

配置接口 GE1/0/1 的 IP 地址为 1.1.1.1/24,并添加 VRRP 备份组 1，虚拟 IP 地址为 1.1.1.250/24，为主用设备；添加 VRRP 备份组 2，虚拟 IP 地址为 1.1.1.249/24，为备用设备，并启动虚拟 MAC 地址。

[FW_A]interface g1/0/1

[FW_A-GigabitEthernet1/0/1]ip address 1.1.1.1 24

[FW_A-GigabitEthernet1/0/1]vrrp vrid 1 virtual-ip 1.1.1.250 24 active

[FW_A-GigabitEthernet1/0/1]vrrp vrid 2 virtual-ip 1.1.1.249 24 standby

[FW_A-GigabitEthernet1/0/1]vrrp virtual-mac enable

②配置接口 GE1/0/3

配置接口 GE1/0/3 的 IP 地址为 10.1.1.1/24,并添加 VRRP 备份组 3，虚拟 IP 地址为 10.1.1.250/24，为主用设备，添加 VRRP 备份组 4，虚拟 IP 地址为 10.1.1.249/24，为备用设备，并启动虚拟 MAC 地址。

[FW_A]interface g1/0/3

[FW_A-GigabitEthernet1/0/3]ip address 10.1.1.1 24

[FW_A-GigabitEthernet1/0/3]vrrp vrid 3 virtual-ip 10.1.1.250 24 active

[FW_A-GigabitEthernet1/0/3]vrrp vrid 4 virtual-ip 10.1.1.249 24 standby

[FW_A-GigabitEthernet1/0/3]vrrp virtual-mac enable

③配置接口 GE1/0/6

配置接口 GE1/0/6 的 IP 地址为 10.10.10.1/24。

[FW_A]interface g1/0/6

[FW_A-GigabitEthernet1/0/6]ip address 10.10.10.1 24

（2）将接口加入到对应安全区域

将 GE1/0/1 加入到 untrust 区域，将 GE1/0/3 加入到 trust 区域，将 GE1/0/6 加入到 dmz 区域。

[FW_A]firewall zone untrust

[FW_A-zone-untrust]add interface g1/0/1

[FW_A-zone-untrust]quit

[FW_A]firewall zone trust

[FW_A-zone-trust]add interface g1/0/3

[FW_A-zone-trust]quit

[FW_A]firewall zone dmz

[FW_A-zone-dmz]add interface g1/0/6

[FW_A-zone-dmz]quit

（3）启用负载分担双机热备

开启负载分担双机热备，启用快速会话备份，指定心跳口为 GE1/0/6,对端 IP 地址为 10.10.10.2，启用静态路由备份。

[FW_A]hrp enable

HRP_S[FW_A]hrp load balance device

HRP_M[FW_A]hrp mirror session enable

HRP_S[FW_A]hrp interface g1/0/6 remote 10.10.10.2

HRP_S[FW_A]hrp auto-sync config static-route

（4）创建安全策略

创建 trust--->untrust 的安全策略，创建 local<--->dmz 区域的安全策略。

HRP_M[FW_A]security-policy

HRP_M[FW_A-policy-security]rule name trust-untrust

HRP_M[FW_A-policy-security-rule-trust-untrust]source-zone trust

HRP_M[FW_A-policy-security-rule-trust-untrust]destination-zone untrust

HRP_M[FW_A-policy-security-rule-trust-untrust]action permit

HRP_M[FW_A-policy-security-rule-trust-untrust]quit

IIRP_M[FW_A-policy-security]rule name local-dmz

HRP_M[FW_A-policy-security-rule-local-dmz]source-zone local

IIRP_M[FW_A-policy-security-rule-local-dmz]destination-zone dmz

HRP_M[FW_A-policy-security-rule-local-dmz]action permit

HRP_M[FW_A-policy-security-rule-local-dmz]quit

HRP_M[FW_A-policy-security]rule name dmz-local

HRP_M[FW_A-policy-security-rule-dmz-local]source-zone dmz

HRP_M[FW_A-policy-security-rule-dmz-local]destination-zone local

HRP_M[FW_A-policy-security-rule-dmz-local]action permit

（5）创建 NAT 策略

创建 NAT 地址池 1.1.1.11、1.1.1.12，并创建 NAT 策略，使用源地址转换，转换为地址池中地址。

HRP_M[FW_A]nat address-group g1

HRP_M[FW_A-address-group-g1]section 1 1.1.1.11 1.1.1.12

HRP_M[FW_A-address-group-g1]mode pat

HRP_M[FW_A]nat-policy

HRP_M[FW_A-policy-nat]rule name nat1

HRP_M[FW_A-policy-nat-rule-nat1]source-zone trust

HRP_M[FW_A-policy-nat-rule-nat1]destination-zone untrust

HRP_M[FW_A-policy-nat-rule-nat1]source-address 10.1.1.0 24

HRP_M[FW_A-policy-nat-rule-nat1]action source-nat address-group g1

2.配置防火墙 B

（1）配置接口信息

①配置接口 GE1/0/1

配置接口 GE1/0/1 的 IP 地址为 1.1.1.2/24,并添加 VRRP 备份组 1，虚拟 IP 地址为 1.1.1.250/24，为备用设备；添加 VRRP 备份组 2，虚拟 IP 地址为 1.1.1.249/24，为主用设备，并启动虚拟 MAC 地址。

[FW_B]interface g1/0/1

[FW_B-GigabitEthernet1/0/1]ip address 1.1.1.2 24

[FW_B-GigabitEthernet1/0/1]vrrp vrid 1 virtual-ip 1.1.1.250 24 standby

[FW_B-GigabitEthernet1/0/1]vrrp vrid 2 virtual-ip 1.1.1.249 24 active

[FW_B-GigabitEthernet1/0/1]vrrp virtual-mac enable

②配置接口 GE1/0/3

配置接口 GE1/0/3 的 IP 地址为 10.1.1.2/24,并添加 VRRP 备份组 3，虚拟 IP 地址为 10.1.1.250/24，为备用设备，添加 VRRP 备份组 4，虚拟 IP 地址为 10.1.1.249/24，为主用设备，并启动虚拟 MAC 地址。

[FW_B]interface g1/0/3

[FW_B-GigabitEthernet1/0/3]ip address 10.1.1.2 24

[FW_B-GigabitEthernet1/0/3]vrrp vrid 3 virtual-ip 10.1.1.250 24 standby

[FW_B-GigabitEthernet1/0/3]vrrp vrid 4 virtual-ip 10.1.1.249 24 active

[FW_B-GigabitEthernet1/0/3]vrrp virtual-mac enable

③配置接口 GE1/0/6

配置接口 GE1/0/6 的 IP 地址为 10.10.10.2/24。

[FW_B]interface g1/0/6

[FW_B-GigabitEthernet1/0/6]ip address 10.10.10.2 24

（2）将接口加入到对应安全区域

将 GE1/0/1 加入到 untrust 区域，将 GE1/0/3 加入到 trust 区域，将 GE1/0/6 加入到 dmz 区域。

[FW_B]firewall zone untrust

[FW_B-zone-untrust]add interface g1/0/1

[FW_B-zone-untrust]quit

[FW_B]firewall zone trust

[FW_B-zone-trust]add interface g1/0/3

[FW_B-zone-trust]quit

[FW_B]firewall zone dmz

[FW_B-zone-dmz]add interface g1/0/6

[FW_B-zone-dmz]quit

（3）启用负载分担双机热备

启用负载分担双机热备，心跳口设置为 GE1/0/6，对端 IP 地址为 10.10.10.1；启用快速会话备份；启用静态路由备份。

[FW_B]hrp enable

HRP_S[FW_B]hrp interface GigabitEthernet1/0/6 remote 10.10.10.1

HRP_S[FW_B]hrp mirror session enable

HRP_S[FW_B]hrp auto-sync config static-route

HRP_S[FW_B]hrp load balance device

3.测试

（1）在防火墙 A 上添加 myq 安全策略

HRP_M[FW_A]security-policy (+B)

HRP_M[FW_A-policy-security]rule name myq (+B)

HRP_M[FW_A-policy-security-rule-myq]source-zone dmz (+B)

HRP_M[FW_A-policy-security-rule-myq]destination-zone untrust (+B)

HRP_M[FW_A-policy-security-rule-myq]action permit (+B)

（2）在防火墙 B 上查看 myq 安全策略是否自动备份

HRP_S[FW_B]display security-policy rule all

2023-07-06 06:38:50.350

Total:2

RULE ID	RULE NAME	STATE	ACTION	HITS
1	myq	enable	permit	0
0	default	enable	deny	0

第 8 章　虚拟系统

　　虚拟系统（Virtual System）是在一台物理设备上划分出多台相互独立的逻辑设备。每个虚拟系统相当于一台真实的设备，有自己的接口、地址集、用户/组、路由表项以及策略，并可通过虚拟系统管理员进行配置和管理。

　　虚拟系统的特点是每个虚拟系统由独立的管理员进行管理，使得多个虚拟系统的管理更加清晰简单，所以非常适合大规模的组网环境。每个虚拟系统拥有独立的配置及路由表项，使得虚拟系统下的局域网即使使用了相同的地址范围，仍然可以正常进行通信。可以为每个虚拟系统分配固定的系统资源，保证不会因为一个虚拟系统的业务繁忙而影响其他虚拟系统。虚拟系统之间的流量相互隔离，更加安全。在需要的时候，虚拟系统之间也可以进行安全互访。虚拟系统实现了硬件资源的有效利用，节约了空间、能耗以及管理成本。

　　虚拟系统一般应用在设备租赁服务、大中型企业的网络隔离和云计算中心的安全网关业务中。

8.1　虚拟系统原理

8.1.1 根系统与虚拟系统

　　虚拟系统包含根系统（public）和虚拟系统(VSYS)，分别由根系统管理员和虚拟系统管理员管理，如图 8-1 所示。

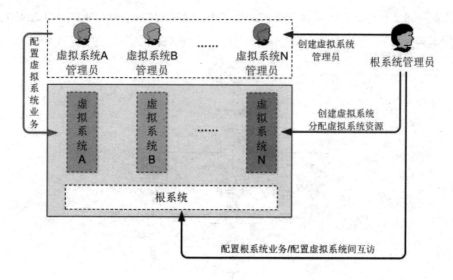

图 8-1　虚拟系统

1.根系统（public）

根系统是 FW 上缺省存在的一个特殊的虚拟系统。即使虚拟系统功能未启用，根系统也依然存在。由根系统管理员管理根系统，根系统管理员可以创建虚拟系统管理员、分配虚拟系统资源和配置虚拟系统业务。

2.虚拟系统(VSYS)

虚拟系统是在 FW 上划分出来的独立运行的逻辑设备，由根系统管理员创建虚拟系统，可以由根系统管理员和虚拟系统管理员进行管理。

8.1.2 虚拟系统分流

FW 上配置虚拟系统时，每个虚拟系统都相当于一台独立的设备，仅依据虚拟系统内的策略和表项对报文进行处理。因此，报文进入 FW 后，首先要确定报文与虚拟系统的归属关系，以决定其进入哪个虚拟系统进行处理。我们把确定报文与虚拟系统归属关系的过程称为分流，其分流方式有基于接口的分流和基于 VLAN 的分流。基于接口的分流方式如图 8-2 所示，防火墙上接口 GE1/0/1 把从 10.3.0.0/24 数据包引流到虚拟系统 VSYSA，接口 GE1/0/2 把从 10.3.1.0/24 网段过来的数据包引流到虚拟系统 VSYSB，接口 GE1/0/3 把从 10.3.2.0/24 网段过来的数据包引流到虚拟系统 VSYSC。基于 VLAN 分流方式如图 8-3 所示，防火墙接口 GE1/0/1 处建立 VLAN 10、VLAN 20、VLAN30，然后通过 VLAN 将数据包分别引流到虚拟系统 VSYSA、VSYSB 和 VSYSC。

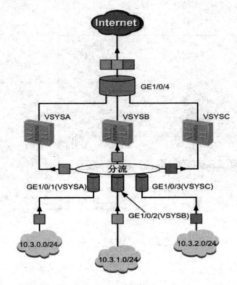

图 8-2　基于接口的分流

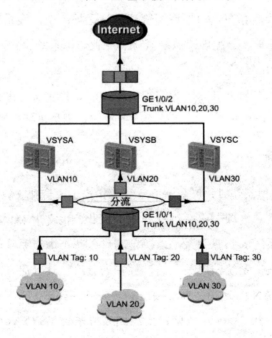

图 8-3　基于 VLAN 的分流

8.2　根系统与虚拟系统互访

　　虚拟接口是创建虚拟系统时系统自动为其创建的一个逻辑接口，作为虚拟系统自身与其他虚拟系统之间通信的接口。虚拟接口名的格式为"Virtual-if+接口号"，根系统的虚拟接口名为 Virtual-if0，其他虚拟系统的 Virtual-if 接口号从 1 开始，根据系统中接口号占用情况自动分配，如图 8-4 所示，根系统的接口为 Virtual-if0，虚拟系统 A 的接口为 Virtual-if1，虚拟系统 B 的接口为 Virtual-if2 和虚拟系统 N 的接口为 Virtual-ifN。

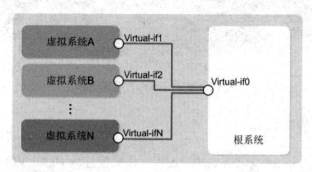

图 8-4　虚拟系统接口号

　　由虚拟系统 A 管理局域网 10.3.0.0/24 主机，根系统 public 接入互联网，虚拟系统 A 管理的局域网用户要访问互联网上 3.3.3.3 服务器，需要实现虚拟系统 A 访问根系统，然后去访问互联网。

　　如图 8-5 所示，位于内网 10.3.0.0/24 的主机要访问互联网服务 3.3.3.3/32，首先向虚拟系统 VSYSA 发送访问请求，然后检查 VSYSA 路由表信息，查看到目的地址 3.3.3.3/32 的路由目的虚拟系统是到根系统 puablic，然后将数据包转发到根系统 public，在根系统上检查路由表查看到目的地址 3.3.3.3/32 的路由信息，将数据包在根系统上使用出接 GE1/0/1 转发到下一跳 1.1.1.254/24，最后在互联网上将数据包转发到目标服务器 3.3.3.3。虚拟系统与根系统互访，其详细的配置过程如下。

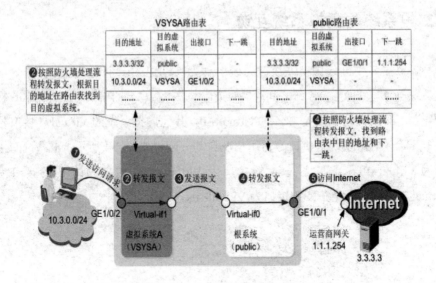

图 8-5　虚拟系统与根系统互访

8.2.1 配置静态路由

（1）在 VSYSA 虚拟系统中，配置一条数据包从 10.3.0.0/24 到 3.3.3.3/32 的路由信息，目的地址为互联网上服务器 3.3.3.3/32，目的虚拟系统为 public，出接口和下一跳为空；再配置一条数据包从外部过来要去访问内网 10.3.0.0/24 的路由信息，目的地址为 10.3.0.0/24，目的虚拟系统为 VSYSA，出接口为 GE1/0/2。

（2）在根系统 public 中，配置一条访问互联网服务器 3.3.3.3/32 的路由信息，目的地址为 3.3.3.3/32，目的虚拟系统为根系统 public，出接口为 GE1/0/1，下一跳为 1.1.1.254/24；再配置一条数据包从 3.3.3.3/32 到 10.3.0.0/24 的路由信息，目的地址指定为 10.3.0.0/24，目的虚拟系统为 VSYSA。

8.2.2 配置安全策略

（1）在 VSYSA 中，将接口 GE1/0/2 加入 trust 区域、Virtual-if1 加入 untrust 区域，配置允许 trust 区域访问 untrust 区域的安全策略。

（2）在根系统中，将接口 GE1/0/1 加入 untrust 区域、Virtual-if0 加入 trust 区域，配置允许 trust 区域访问 untrust 区域的安全策略。

完成上述路由和安全策略的配置就可以实现报文的正常转发，但是内网的主机使用的是私网地址 10.3.0.0/24，所以内网的主机如果想要正常访问 Internet，还必须在 VSYSA 或 public 中配置 NAT 策略，进行公网地址和私网地址的转换。在哪个虚拟系统中配置 NAT 策略，取决于哪个虚拟系统的管理员管理和使用公网地址。

8.3 两个虚拟系统互访

当由两个虚拟系统管理的局域用户要互访，虚拟系统需要通过根系统中转数据包，需要在两个虚拟系统和根系统 public 上创建数据包转发路由表，并创建安全策略。如图 8-6 所示，虚拟系统 VSYSA 管理的局域网 10.3.0.0/24 用户要与虚拟系统 VSYSB 管理的局域网 10.3.1.0/24 用户通信，数据包需要通过根系统 public 转发，其配置过程如下。

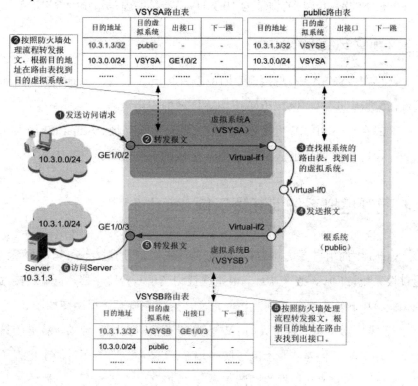

图 8-6　虚拟系统互访

8.3.1 配置静态路由

（1）虚拟系统 VSYSA 配置两条静态路由，一条是到另外一个虚拟系统 VSYSB 内网 10.3.1.0/24 的路由，目的地址为 10.3.1.0/24，目的虚拟系统为 public；另外一条是从外部过来的数据包到达 10.3.0.0/24 的路由，目的地址为 10.3.0.0/24，目的虚拟系统为 VSYSA，出接口为 GE1/0/2。

（2）虚拟系统 VSYSB 配置目的地为 10.3.1.0/24 的路由，目的地址为目标服务器 Server 的 IP 地址 10.3.1.3/32，目的虚拟系统为 VSYSB，出接口为 GE1/0/3；然后配置目的地为 10.3.0.0/24 的路由，目的地址为 10.3.0.0/24，目的虚拟系统为 public。

（3）根系统 public 上配置转发到目的地服务器 Server（10.3.1.3/32）路由，目的地址为 10.3.1.3/32，目的虚拟系统为 VSYSB；然后配置目的地为 10.3.0.0/24 的路由，目的地址为 10.3.0.0/24，目的虚拟系统为 VSYSA。

8.3.2 配置安全策略

（1）在 VSYSA 中，将接口 GE1/0/2 加入 trust 区域、Virtual-if1 加入 untrust 区域，配置允许 trust 区域访问 untrust 区域的安全策略。

（2）在 VSYSB 中，将接口 GE1/0/3 加入 trust 区域、Virtual-if2 加入 untrust 区域，配置允许 untrust 区域访问 trust 区域的安全策略。

8.4 配置虚拟系统间互访示例

vsysa 中的用户要访问 vsysb 中的 Server，需要通过 vsysa 访问根系统，再通过根系统访问 vsysb 来实现。根系统就相当于一台路由器，负责连接两个虚拟系统，中转虚拟系统之间互访的报文，虚拟系统互访组网图如图 8-7 所示，在 ensp 模拟器中无法将防火墙 FW 拆分成三个防火墙，所以能看见的只有一个防火墙 FW1，但是实际上除了防火墙 FW1 本身之外，还有两个虚拟防火墙 VSYSA 和 VSYSB，根据组网图在 ensp 模拟器中完成配置，其网络拓扑图如图 8-8 所示，具体配置过程如下。

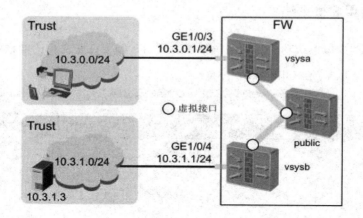

图 8-7　虚拟系统互访组网图

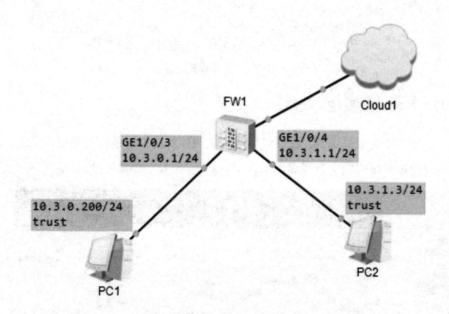

图 8-8　虚拟系统间互访网络拓扑图

在 ensp 模拟器中配置云朵与防火墙 FW1 相连,实现物理机与防火墙相连,然后通过浏览器访问防火墙 FW1。外部浏览器要能访问防火墙 FW1,需要在命令模式下登录防火墙 FW1,在接口 GE0/0/0 上启动 https 服务,配置 Web页面访问防火墙。

8.4.1 启用虚拟系统

防火墙虚拟系统功能默认情况下没有开启，需要在防火墙的面板中启用防火墙的虚拟系统，如图 8-9 所示。

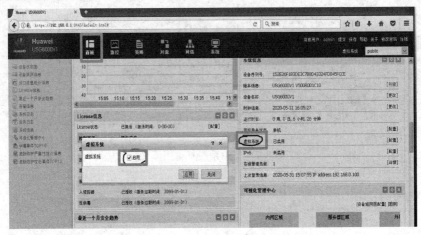

图 8-9　启用防火墙虚拟系统

8.4.2 添加虚拟系统

要添加新的虚拟系统，在系统菜单的左侧展开虚拟系统，选择虚拟系统，然后在虚拟系统列表中新建虚拟系统 vsysa 和 vsysb，如图 8-10 所示。

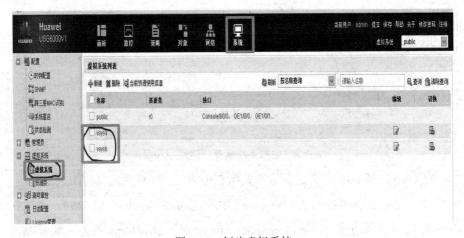

图 8-10　创建虚拟系统

8.4.3 配置 vsysa 和 vsysb 虚拟 IP 地址

配置两个虚拟系统虚拟网卡的 IP 地址，只要 IP 不相互干扰，随机配一个私网 IP 地址，配置虚拟系统 vsysa 的虚拟网卡 Virtual-if1 的 IP 地址为 192.168.1.100,虚拟系统 vsysb 的虚拟网卡 Virtual-if2 的 IP 地址为 192.168.2.100,如图 8-11、图 8-12 所示。

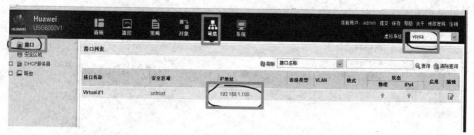

图 8-11　配置 vsysa 虚拟网卡 IP 地址

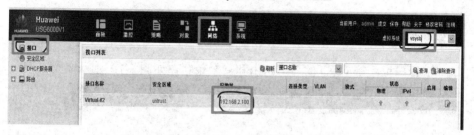

图 8-12　配置 vsysb 虚拟网卡 IP 地址

8.4.4 配置根接口 IP 地址

配置根接口 GE1/0/3、GE1/0/4 的 IP 地址，并将接口加入到对应的安全区域，设置允许 ping 操作，如图 8-13 所示。

图 8-13　配置根接口 IP 地址

8.4.5 根系统中配置 vsysa 和 vsysb 互访的路由

根据图 8-6 配置根系统 public 的静态路由，如图 8-14 所示。

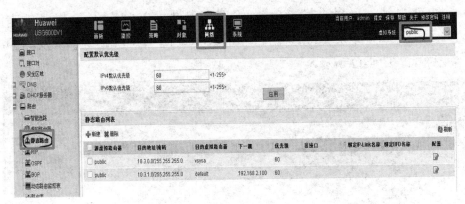

图 8-14　配置根系统 public 静态路由

8.4.6 在 vsysa 中配置路由和安全策略

配置虚拟系统 vsysa 的静态路由和安全策略，如图 8-15 所示。

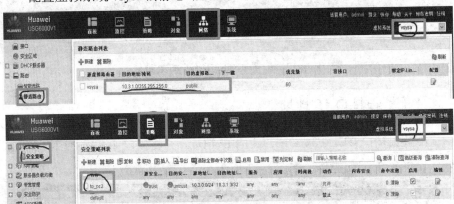

图 8-15　虚拟系统 vsysa 路由和安全策略

8.4.7 在 vsysb 中配置路由和安全策略

配置虚拟系统 vsysb 的静态路由和安全策略，如图 8-16 所示。

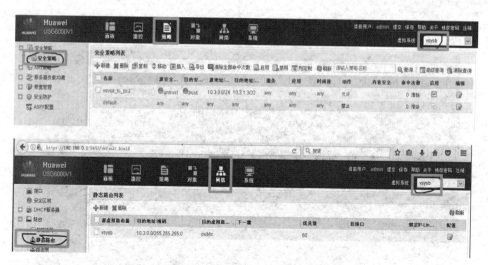

图 8-16　虚拟系统 vsysb 路由和安全策略

8.4.8 创建虚拟系统管理员

在虚拟系统 vsysa 中创建虚拟系统管理员，管理员用户名后缀必须为 @@vsysa，如图 8-17 所示。

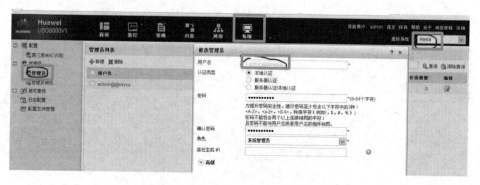

图 8-17　创建虚拟系统管理员

8.4.9 测试

使用虚拟系统 vsysa 管理的 PC1 ping vsysb 管理的 PC2，此时能够通，说明虚拟系统互访功能已经实现，如图 8-18 所示。

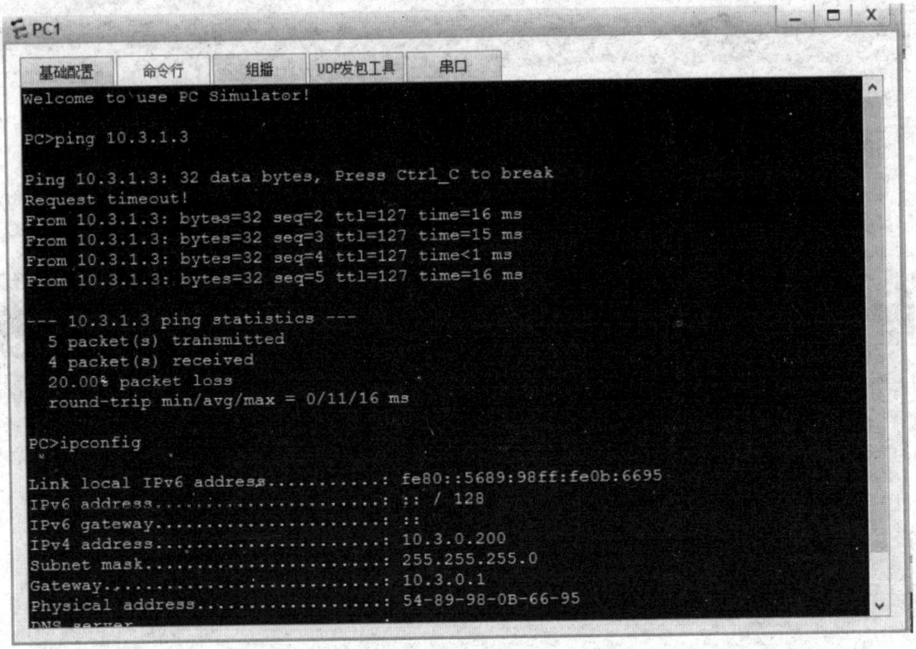

图 8-18　测试虚拟系统互访

第9章　服务器负载均衡

随着互联网不断发展，信息量不断增加，当单个服务器无法满足网络需求时，企业一般会采取更换高性能设备或增加服务器数量的方法来解决性能不足的问题。如果更换为高性能的服务器，则已有低性能的服务器将闲置，造成了资源的浪费，而且后续肯定会面临新一轮的设备升级，导致投入巨大，却无法从根本上解决性能瓶颈。为了较好地解决单个服务器超载的问题，可以使用服务器负载均衡技术，将一个服务器处理的业务分发给多个服务器来处理，提高业务处理效率和能力。这样既要考虑了成本因素和现实需求，又要兼顾了日后的设备升级和扩容。如图 9-1 所示，内网处理业务的物理服务器组成服务器集群，对外体现为一台逻辑上的服务器。对于用户来说，访问的是这台逻辑上的服务器，而不知道实际处理业务的是其他服务器。在防火墙 FW 上配置服务器负载分担，由防火墙 FW 决定如何分配流量给各个服务器，这样做的好处显而易见：如果某个服务器损坏，FW 将不再分配流量给它；如果现有服务器集群还需要扩容，直接增加服务器到集群中即可。这些内部的变化对于用户来说是完全透明的，非常有利于企业对网络的日常运维和后续调整。

服务器负载均衡功能可以保证流量较平均地分配到各个服务器上，避免出现一个服务器满负荷运转，另一个服务器却空闲的情况。FW 还可以根据不同的服务类型调整流量的分配方法，满足特定服务需求，提升服务质量和效率。

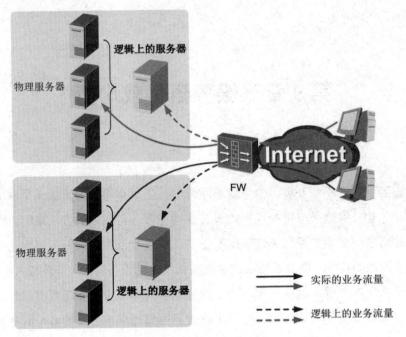

图 9-1 服务器负载分担

9.1 服务器负载均衡工作原理

　　服务器负载分担技术常用术语包括实服务器、实服务器组、虚拟服务器、负载均衡算法、会话保持、服务健康检查等，其核心技术主要包括后三者。

　　实服务器指处理业务流量的实体服务器，客户端发送的服务请求最终是由实服务器处理的；

　　实服务器组指由多个实服务器组成的集群，对外提供特定的一种服务；

　　虚拟服务器指实服务器组对外呈现的逻辑形态，客户端实际访问的是虚拟服务器；

　　负载均衡算法指 FW 分配业务流量给实服务器时依据的算法，不同的算法可能得到不同的分配结果；

　　会话保持指 FW 将同一客户端一段时间内的流量分配给同一个实服务器；

　　服务健康检查指 FW 检查服务器状态是否正常的过程，可以增强为用户提供服务的稳定性。

服务器负载均衡由负载均衡算法实现，根据网络需求选择不同的算法，常见的负载均衡算法有简单轮询、加权轮询、最小连接、加权最小连接、源 IP Hash 和加权源 IP Hash 等。

简单轮询算法是最简单的一种负载均衡算法，它把来自用户的请求轮流分配给内部的服务器(如从服务器 1 开始，直到服务器 N，然后重新开始循环)；

加权轮询算法包括权重和轮询算法，根据权重决定来自用户的请求分配给内部的服务器，算法根据权重计算出每个服务器节点的概率，通过随机函数决定用户的请求应该发送到那个节点服务器，实现各个服务器节点的负载能够有效地分担；

最小连接算法根据后端实服务器当前的连接情况选择连接数最小的服务器进行连接，当用户请求时，会选取当前连接数量最少的一台服务器处理请求；

加权最小连接算法根据实服务器的权重和连接数来确定到来的用户请求应该发给哪台服务器，计算方式为各个实服务器上已有的并发连接数除以对应设置的权重，然后选取计算值最小的服务器处理请求；

源 IP Hash 根据客户端 IP 地址进行 HASH 运算，得到 Hash Index 值，根据 Hash Index 值与 Hash 列表中服务器的对应关系，确定用户应该请求的服务器；

加权源 IP Hash 根据客户端 IP 地址进行 HASH 运算，得到 Hash Index 值，然后同实服务器的权重 Hash 表进行比对，找到对应关系，然后分配流量至服务器。

9.2 配置 ftp 服务器负载均衡

某企业工作业务繁重，并且业务处于不断更新中，需要不断地增加服务器来处理企业工作业务，因此在该企业配置了负载均衡来解决该问题。初期该企业内部搭建三台服务器来处理 FTP 工作业务，服务器 IP 地址分别为192.168.1.1/24、192.168.1.2/24 和 192.168.1.3/24，统一用虚拟服务器对外提供服务，虚拟服务器 IP 地址为 1.1.1.10/24，由防火墙（FW）来配置服务器负载均衡，FW 的 GE1/0/2 接口，接入内网 dmz 区的三台 FTP 服务器，GE1/0/1 接口接入互联网 untrust 区，互联网用户主机 Client 通过路由接入防火墙，如图9-2 所示。

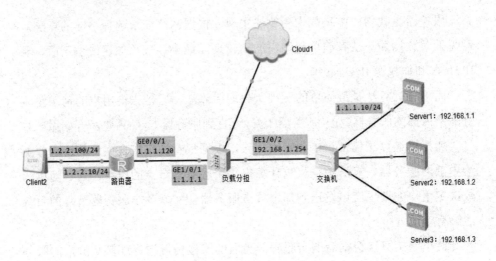

图 9-2　FTP 服务器负载均衡拓扑图

要配置 FTP 服务器负载均衡，需要将 FTP 服务器接入 dmz 区，配置允许 untrust 区到 dmz 区、local 区到 dmz 区的安全策略，并且指定目标主机为虚拟服务器 IP 地址和实服务器的 IP 地址，具体配置过程如下。

9.2.1 配置防火墙 FW 接口信息

配置接口 GE1/0/1 的 IP 地址为 1.1.1.1/24，GE1/0/2 的 IP 地址为 192.168.1.254/24，并将接口 GE1/0/1 加入到 untrust 区域，GE1/0/2 加入到 dmz 区，如图 9-3 所示。

接口名称	安全区域	IP地址	连接类型	VLAN/VX...	模式	物理	状态 IPv4
GE0/0/0(GE0/METH)	trust(default)	192.168.0.1 ---	静态IP (IPv4 静态IP (IPv6	路由	↑	↑
GE1/0/0	-- NONE --(public)	---	静态IP (IPv4 静态IP (IPv6	路由	↓	↓
GE1/0/1	untrust(public)	1.1.1.1 ---	静态IP (IPv4 静态IP (IPv6	路由	↑	↑
GE1/0/2	dmz(public)	192.168.1.254 ---	静态IP (IPv4 静态IP (IPv6	路由	↑	↑
GE1/0/3	-- NONE --(public)	---	静态IP (IPv4 静态IP (IPv6	路由	↓	↓
GE1/0/4	-- NONE --(public)	---	静态IP (IPv4 静态IP (IPv6	路由	↓	↓
GE1/0/5	-- NONE --(public)	---	静态IP (IPv4 静态IP (IPv6	路由	↓	↓
GE1/0/6	-- NONE --(public)	---	静态IP (IPv4 静态IP (IPv6	路由	↓	↓
Virtual-if0	-- NONE --(public)					↑	↑

图 9-3　配置接口信息

9.2.2 配置安全策略

配置允许从 untrust 区域和 local 区域到 dmz 区域的安全策略，如图 9-4 至图 9-6 所示，新建安全策略 untrust-dmz，源区域为 untrust，目的区域为 dmz，目的地址为 1.1.1.10/32，新建安全策略 local-dmz，源区域为 local，目的区域为 dmz，目的地址为 192.168.1.1-192.168.1.3。

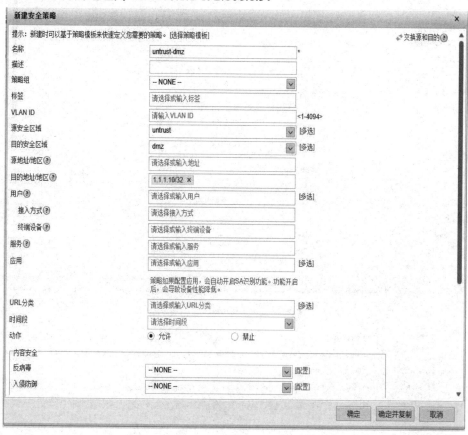

图 9-4　untrust-dmz 区安全策略

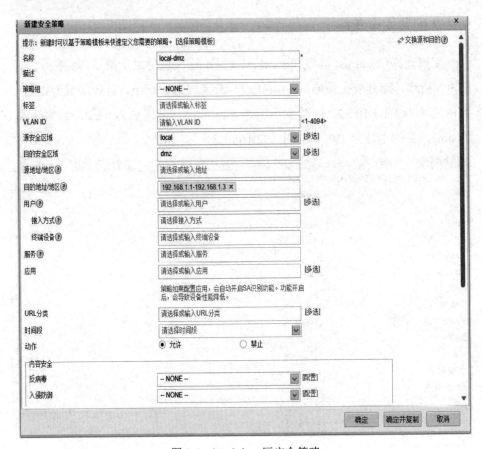

图 9-5　local-dmz 区安全策略

图 9-6　安全策略表

9.2.3 配置服务器负载均衡

1.配置实服务器组

先配置实服务器组，选择"策略"在左侧服务器负载均衡中展开"实服务器组"，然后在实服务器组列表中选择新建按钮，新建实服务器组，名称为 server0-1，负载均衡算法选择"加权最小连接"，启用 ICMP 健康检查，新建实服务器列表，如图 9-7 所示。

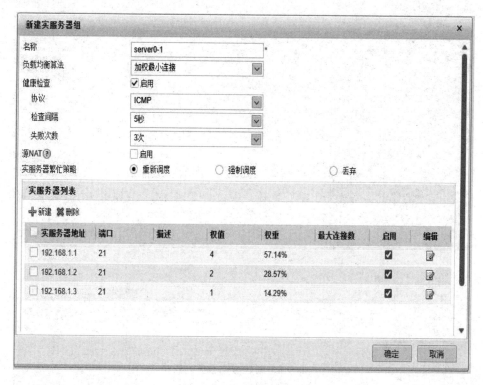

图 9-7　配置实服务器组

2.配置虚拟服务器

选择策略-->服务器负载均衡-->虚拟服务，新建虚拟服务列表 vm0-1，指定协议为 TCP，虚拟服务器地址设置为 1.1.1.10，端口设置为 2121，新建会话保持 new-1，类型选择源 IP，实服务器组选择第 1 步创建好的 server0-1，如图 9-8 所示。

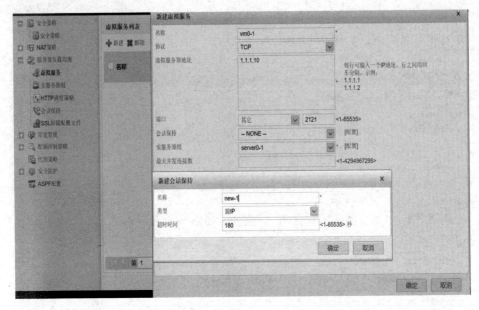

图 9-8 新建虚拟服务列表

以上配置用命令实现，如下所示。

//新建负载均衡

[USG6000V1]slb

//会话保持源 IP 名：yIP

[USG6000V1-slb]persistence 0 yIP

//会话保持类型为源 IP

[USG6000V1-slb-persistence-0]type source-ip

[USG6000V1-slb-persistence-0]quit

//配置实服务器组 s1

[USG6000V1-slb]group 0 s1

//负载均衡算法采用加权最小连接

[USG6000V1-slb-group-0]metric weight-least-connection

//健康检查类型为 ICMP

[USG6000V1-slb-group-0]health-check type icmp

//实服务器列表

[USG6000V1-slb-group-0]rserver 0 rip 192.168.1.1 port 21 weight 4

[USG6000V1-slb-group-0]rserver 1 rip 192.168.1.2 port 21 weight 2

[USG6000V1-slb-group-0]rserver 2 rip 192.168.1.3 port 21 weight 1

//允许优化

[USG6000V1-slb-group-0]action optimize

[USG6000V1-slb-group-0]quit

//虚拟服务器列表

[USG6000V1-slb]vserver 0 new1　　　　　//虚拟服务器列表名 new1

[USG6000V1-slb-vserver-0]vip 0 1.1.1.10　//虚拟服务器 IP 为 1.1.1.10

[USG6000V1-slb-vserver-0]protocol tcp　　　//协议类型为 TCP

[USG6000V1-slb-vserver-0]vport 2121　　　　//端口为 2121

[USG6000V1-slb-vserver-0]group s1　　　　　//实服务器组 s1

[USG6000V1-slb-vserver-0]persistence yIP　　//会话保持采用源 IP（名为 yIP)

//启用 FTP 协议的 ASPF

[USG6000V1]firewall detect ftp

//配置安全策略

[USG6000V1]security-policy

[USG6000V1-policy-security]rule name untrust-dmz

[USG6000V1-policy-security-rule-untrust-dmz]source-zone untrust

[USG6000V1-policy-security-rule-untrust-dmz]destination-zone dmz

[USG6000V1-policy-security-rule-untrust-dmz]destination-address
1.1.1.10 32

[USG6000V1-policy-security-rule-untrust-dmz]action permit

[USG6000V1-policy-security-rule-untrust-dmz]quit

[USG6000V1-policy-security]rule name local-dmz

[USG6000V1-policy-security-rule-local-dmz]source-zone local

[USG6000V1-policy-security-rule-local-dmz]destination-zone dmz

[USG6000V1-policy-security-rule-local-dmz]destination-address
192.168.1.1 32

[USG6000V1-policy-security-rule-local-dmz]destination-address
192.168.1.2 32

[USG6000V1-policy-security-rule-local-dmz]destination-address
192.168.1.3 32

[USG6000V1-policy-security-rule-local-dmz]action permit

//配置接口信息

[USG6000V1]intcrfacc g1/0/1

[USG6000V1-GigabitEthernet1/0/1]ip address 1.1.1.1 24

[USG6000V1-GigabitEthernet1/0/1]service-manage all permit

[USG6000V1-GigabitEthernet1/0/1]quit

[USG6000V1]interface g1/0/2

[USG6000V1-GigabitEthernet1/0/2]ip address 192.168.1.254 24

[USG6000V1-GigabitEthernet1/0/2]service-manage all permit

[USG6000V1-GigabitEthernet1/0/2]quit

//将接口加入到安全区域

[USG6000V1]firewall zone untrust

[USG6000V1-zone-untrust]add interface GigabitEthernet1/0/1

[USG6000V1-zone-untrust]quit

[USG6000V1]firewall zone dmz

[USG6000V1-zone-dmz]add interface GigabitEthernet1/0/2

[USG6000V1-zone-dmz]quit

9.2.4 测试

参照"3.2.3 服务器映射示例"中的测试进行，需要将实服务器 Server1、Server2 和 Server3 设置为 FTPServer 服务器，端口设置为 21 端口，配置好文件根目录，启动该服务器。然后在 Client1 端访问的时候，切换到客户端信息选项卡，选择"Ftpclient"，服务器地址输入虚拟服务器的 IP 地址 1.1.1.10，端口号设置为 2121，然后进行登录，登录之后到服务器负载均衡中找到实服务器组，观察每个实服务器负载均衡情况。

第 10 章　内容安全

常规的防火墙并不能防止隐蔽在网络流量里的攻击，在网络界面对应用层扫描，把防病毒、内容过滤与防火墙结合起来，这体现了网络与信息安全的新思路。它在网络边界实施 OSI 第 7 层的内容扫描，实现了实时在网络边缘部署病毒防护、内容过滤等应用层服务措施。在新一代防火墙中都需要对流经防火墙的数据包进行安全过滤，能够实现基本的内容安全管理，能够对邮件、文件、内容进行过滤，能够进行应用行为控制、SSL 代理和 URL 日志筛查，具有入侵防御、URL 过滤、DNS 过滤、反病毒、APT 防御和云接入安全感知等网络安全防护能力。

USG6000V 防火墙配置安全配置文件实现内容安全，主要包括入侵防御、反病毒、URL 过滤、DNS 过滤、APT 防御和云接入安全感知等。

入侵防御，主要通过分析网络流量、检测入侵，通过一定的响应方式，实时地中止入侵行为，针对的主流操作系统有 Windows、Unix-like、Android 和 IOS 等，主要对缓冲区溢出攻击、木马、僵尸网络、间谍软件、广告软件、CGI 攻击、跨站脚本攻击、注入攻击、目录遍历、信息泄露、远程文件包含攻击、代码执行、拒绝服务、扫描工具、用户自定义、后门、分布式拒绝服务、webshell 和蠕虫（网络类、网页类、邮件类、IRC 类、即时通信类）等进行检测。

URL 过滤，通过对用户访问的 URL 进行控制，允许或禁止用户访问某些网页资源，规范上网行为，启用恶意 URL 检测，检测建立的白名单和黑名单，对一些色情和非法网站进行过滤。

DNS 过滤，通过对 DNS 请求报文中的域名进行过滤，允许或禁止用户访问某些网站，规范上网行为。

反病毒，通过识别和处理病毒文件，避免有病毒文件引起的数据破坏、权限更改和系统崩溃等情况的发生，可以对文件传输协议（如 HTTP、FTP、SMTP 等）、邮件协议（SMTP、POP3、IMAP 等）和共享协议（如 NFS 和 SMB 等）传送的带有病毒的数据包发出警告或阻断。

APT 防御，通过沙箱联动，将网络流量送入沙箱检测，并对沙箱检测出的恶意流量进行处理，防御 APT 攻击。

云接入安全感知，通过对企业云应用进行精细化控制，保障用户安全、合规地使用云服务。

10.1　反病毒

10.1.1　计算机病毒与恶意代码

在我国相关法律中对计算机病毒进行了概述，计算机病毒是指编制或者在计算机程序中插入的破坏计算机功能或者破坏数据，影响计算机使用并且能够自我复制的一组计算机指令或者程序代码。但是随着信息技术的不断发展，恶意攻击者的需求已经不再仅仅只是为了破坏行为，他们的终极目的是获取更多价值信息，因而国内外不断涌现形形色色的恶意攻击软件，并且不断进行变种，如以长期潜伏窃取用户信息的木马、以利用加密手段加密目标主机文件从而达到勒索为目的的勒索病毒和将网络中大量主机变成"肉鸡"的蠕虫等，这些攻击软件已经超出了计算机病毒概念范畴，由于具有恶意攻击行为，通常称为恶意软件或者恶意代码。以前概念中提到的计算机病毒，在恶意代码中统称为传统计算机病毒，简单地说，恶意代码是用户在未授权的情况下，以破坏软硬件设备、窃取用户信息、扰乱用户心理、干扰用户正常使用为目的而编制的软件或代码片段。

恶意代码就像生物病毒一样，具有独特的传播和破坏能力，它可以很快地蔓延，又常常难以根除，它们把自身附着在各种类型的对象上，当寄生了恶意代码的对象从一个主机到达另一个主机时，它就随该对象一起蔓延开来。目前主流的恶意代码有传统计算机病毒、蠕虫、特洛伊木马、Rootkit、间谍软件、恶意广告、流氓软件、逻辑炸弹、后门、僵尸网络、网络钓鱼、恶意脚本、垃圾信息和智能终端恶意代码等。

10.1.2 配置反病毒

在某企业网关设备上应用反病毒特性，保护内部网络用户和服务器免受病毒威胁，某公司在网络边界处部署了 USG6000V 防火墙作为安全网关。内网用户需要通过 Web 服务器和 POP3 服务器下载文件和邮件，内网 FTP 服务器需要接收外网用户上传的文件。公司利用防火墙提供的反病毒功能阻止病毒文件在这些过程中进入受保护网络，保障内网用户和服务器的安全，其组网图如图 10-1 所示。防火墙 FW 的 GE1/0/2 口接入 DMZ 服务器区，GE1/0/3 口接入内网 trust 区域，GE1/0/1 口接入互联网 untrust 区域，防火墙需要对内网用户访问互联网进行反病毒检测后进行阻断，对互联网用户向 DMZ 区的 FTP 服务器上传文件进行反病毒阻断操作。

内网访问互联网的 Web 和 POP3 服务器进行反病毒检测，当内网用户访问互联网的 Web 和 POP3 服务器的时候，阻断用户下载的病毒文件传播到内网，由于下载的文件中有一个 ID 号为 5000 的被该防火墙阻断，但是该文件对用户非常有用，需要添加到排除项。

互联网用户访问 DMZ 区的 FTP 服务器，上传文件的时候，需要反病毒检测，阻断病毒文件上传。具体配置思路如下。

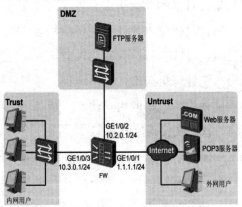

图 10-1　配置反病毒组网图

首先配置接口 IP 地址，并将接口加入到安全区域，完成网络基本参数配置；其次配置两个反病毒配置文件，一个反病毒配置文件针对 HTTP 和 POP3

协议设置匹配条件和响应动作，并配置 126 网盘例外，对其不做病毒检测，另外一个反病毒配置文件针对 FTP 协议设置匹配条件和响应动作；再次配置安全策略，在 trust 到 untrust 和 dmz 到 untrust 方向分别引用反病毒配置文件，实现病毒阻断操作。具体配置过程如下所示。

1.配置接口信息

配置接口 GE1/0/1 的 IP 地址为 1.1.1.1/24，接口 GE1/0/2 的 IP 地址为 10.2.0.1/24，接口 GE1/0/3 的 IP 地址为 10.3.0.1/24，并将接口 GE1/0/1 加入到 untrust 区,GE1/0/2 加入到 DMZ 区，GE1/0/3 加入到 trust 区域,如图 10-2 所示。

图 10-2　配置接口信息

2.配置反病毒安全配置文件

在"对象"的左侧展开"安全配置文件"选择"反病毒"，然后在右侧窗口的反病毒配置文件中选中"新建"按钮，新建内网用户访问互联网 Web 和 POP 服务器的反病毒文件 virus_1，并配置 126 网盘例外，如图 10-3 所示。然后再配置互联网用户访问内网 FTP 的反病毒配置文件 virus_2,如图 10-4 所示。

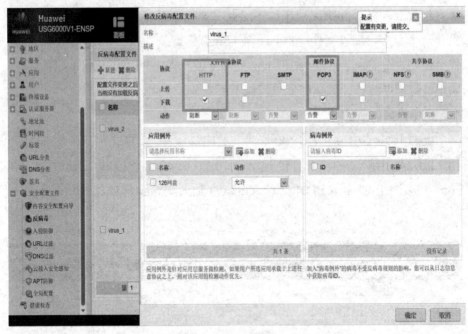

图 10-3　内网访问互联网服务器反病毒文件

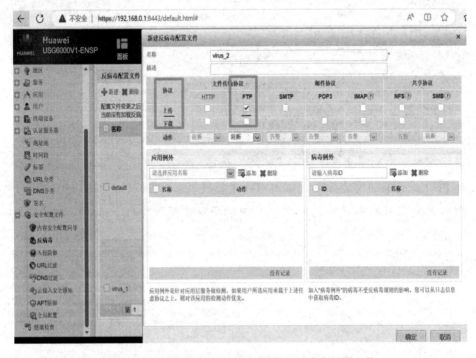

图 10-4　互联网用户访问 FTP 服务器反病毒配置文件

3.配置安全策略

新建 trust 区域允许访问 untrust 区域的安全策略，在内容安全的反病毒下拉列表框中选择配置文件 virus_1，如图 10-5 所示，新建 untrust 区域允许访问 dmz 区的安全策略，在内容安全的反病毒下来列表框中选择配置文件 virus_2，如图 10-6 所示。

图 10-5　trust_untrust 安全策略配置内容安全文件

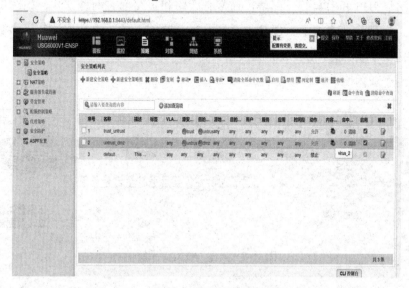

图 10-6　untrust_dmz 安全策略内容安全文件

10.2 入侵防御

10.2.1 入侵检测与入侵防御

对网络入侵行为能够预判、检测，在网络安全领域通常将该产品称为入侵检测（IDS），它能够提供安全威胁监控平台，具备分析、审计系统和强化风险管理能力，能够及时了解网络安全状况，为网络安全风险控制提供依据，IDS 一旦检测到网络风险行为将通知用户具有风险点，但是本身不具有网络风险防御能力，不能抵御网络风险；作为另外一种网络安全设备，被称为入侵防御，它能够提供安全威胁监控及实时响应、控制能力，具备分析、审计及接入控制系统，强化风险控制能力，降低安全影响，优化风险控制环境，入侵防御一般通过入侵防御系统实现，入侵防御系统（IPS）旨在发现入侵行为时能实时阻断的入侵检测系统。

IPS 是通过直接嵌入到网络流量中实现这一功能的，即通过一个网络端口接收来自外部系统的流量，经过检查确认其中不包含异常活动或可疑内容后，再通过另外一个端口将它传送到内部系统中。这样一来，有问题的数据包，以及所有来自同一数据流的后续数据包，都能在 IPS 设备中被清除。在防火墙上可以 IDS 和 IPS 统一部署，通常有旁路和直路部署两种方式，如图 10-7 所示，为某企业典型的入侵防御系统，当互联网上的攻击数据流和正常数据流到达 IPS 设备时，IPS 设备将攻击数据流过滤掉，正常数据流通过 IPS 设备转发到企业内网。

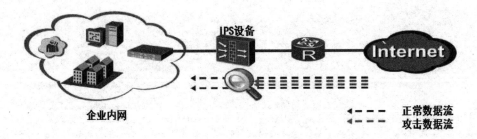

图 10-7 典型入侵防御系统

10.2.2 配置入侵防御

配置入侵防御功能，保护企业内部用户和 Web 服务器避免受到来自 Internet 的攻击。某企业在网络边界处部署了 FW 作为安全网关。在该组网中，内网用户可以访问内网（DMZ 区）FTP 服务器和 Internet（untrust 区）的 Web 服务器；内网（DMZ 区）的 FTP 服务器向内网（trust 区）用户和 Internet（untrust 区）用户提供服务。该企业需要在 FW 上配置入侵防御功能，具体要求如下：

（1）企业经常收到蠕虫、木马和僵尸网络的攻击，必须对以上攻击进行防范；

（2）保护内网（trust 区）用户避免内网（trust 区）用户访问 Internet（untrust 区）的 Web 服务器时受到攻击，例如，含有恶意代码的网站对内网（trust 区）用户发起攻击；

（3）保护内部网络（DMZ 区）的 FTP 服务器防范 Internet（untrust 区）用户和内网（trust 区）用户对内部网络（DMZ 区）的 FTP 服务器发起攻击；通过长期的日志观察和调研发现有一种攻击出现次数较多，其匹配的签名 ID 为 4230，需将这种攻击全部阻断，其组网图，如图 10-8 所示。

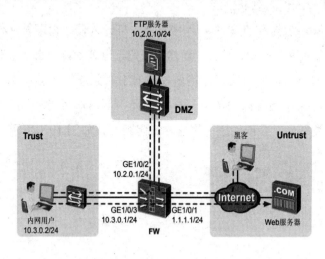

图 10-8　入侵防御组网图

具体配置思路：

（1）配置接口 IP 地址和安全区域，完成网络基本参数配置；

（2）配置入侵防御配置文件 ips_1，保护内网用户。通过配置签名过滤器来满足安全需要；

（3）配置入侵防御配置文件 ips_2，保护内网服务器，并配置签名过滤器以及例外签名来满足安全需要；

（4）创建安全策略 trust_untrust，并引用安全配置文件 ips_1，保护内网用户免受来自 Internet 的攻击；

（5）创建安全策略 trust_dmz 和 untrust_trust，均引用安全配置文件 ips_2，保护内网服务器免受来自内网用户和 Internet 的攻击。

按照配置思路、防火墙基本配置要求和组网图，做如下配置。

1.配置接口信息

配置接口 GE1/0/1 的 IP 地址为 1.1.1.1/24，将接口加入到 untrust 区域；配置接口 GE1/0/2 的 IP 地址为 10.2.0.1/24，将接口加入到 dmz 区；配置接口 GE1/0/3 的 IP 地址为 10.3.0.1/24，将接口加入到 trust 区域，见图 10-2 所示。

2.配置入侵防御配置文件

（1）新建入侵防御 ips_1

选择对象-->安全配置文件-->入侵防御。打开入侵防御配置文件窗口，在"入侵防御配置文件"中，单击"新建"按钮，设置入侵防御的名称为 ips_1，启用关联检测和恶意域名检查，签名过滤器中对象选择"客户端"，严重性勾选"高"，操作系统都勾选上，协议选择"网络服务类协议"中的 HTTP 协议，威胁类别为"全部"，动作选择"阻断"，如图 10-9 所示。

图 10-9　入侵防御 WEB 站点

（2）新建入侵防御 ips_2

在"入侵防御配置文件"中，单击"新建"按钮，设置入侵防御的名称为 ips_2，启用关联检测和恶意域名检查，签名过滤器中对象选择"服务端"，严重性勾选"高"，操作系统都勾选上，协议选择"网络服务类协议"中的 FTP 协议，威胁类别为"全部"，动作选择"阻断"，如图 10-10 所示，设置例外访问阻断 ID 号为 4230，如图 10-11 所示。

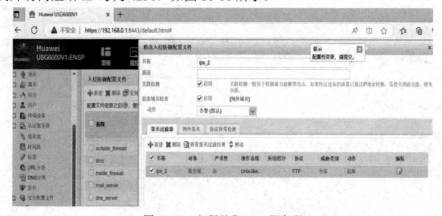

图 10-10　入侵防御 FTP 服务器

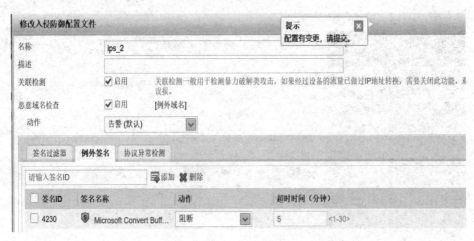

图 10-11　创建例外签名 ID

3.配置安全策略

配置安全策略，允许私网指定网段进行报文交互，并将入侵防御配置文件应用到安全策略中。选择"策略-->安全策略-->安全策略"，单击"新建"，配置允许从 trust 到 untrust 的域间策略，入侵防御配置文件选择 ips_1，如图10-12 所示。配置允许从 trust 区域到 dmz 区和从 untrust 区域到 dmz 区的安全策略，入侵防御配置文件选择 ips_2，如图 10-13 所示。

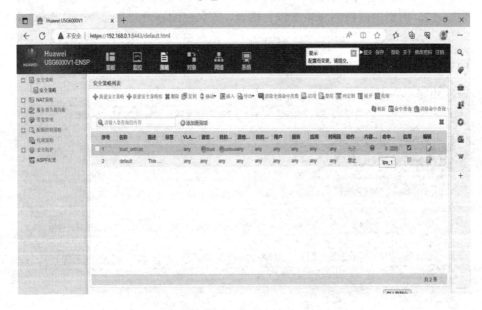

图 10-12　内网访问外网 WEB 站点入侵防御

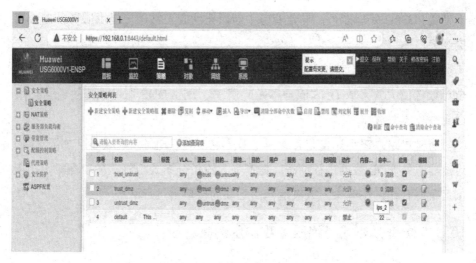

图 10-13　访问 dmz 区域的 FTP 服务器入侵防御

　　要查看防火墙入侵防御情况，可在"监控-->日志-->威胁日志"中查看，管理员定期查看日志信息，发现日志中记录了"攻击者"为 Internet 用户地址，"攻击对象"为 FTP 服务器地址，"协议"为"FTP"的攻击信息，且"动作"为"阻断"；日志中记录了"攻击者"为内网用户地址，"攻击对象"为 FTP 服务器地址，"协议"为"FTP"的攻击信息，且动作为"阻断"；日志中记录了"攻击者"为 Internet 网站地址，"攻击对象"为内网用户地址，"协议"为"HTTP"的攻击信息，且动作为"阻断"。

10.3　分布式拒绝服务攻击（DDOS 攻击）

10.3.1DDOS 攻击概述

　　分布式拒绝服务（DDOS）攻击是指借助于客户端/服务器技术，将多个计算机联合起来作为攻击平台，对一个或多个目标发动拒绝服务攻击，从而成倍地提高拒绝服务攻击的威力。一般有直接式分布拒绝服务攻击和反射式分布式拒绝服务攻击。

　　直接式分布拒绝服务攻击指黑客通过控制机，向被其控制的"肉鸡"发出指令，通过木马程序发起流量，引导到被攻击服务器；被攻击服务器受限于带宽和 CPU 处理能力，导致业务中断而无法向正常用户提供服务，造成直接经济损失。

反射式分布式拒绝服务攻击指"肉鸡"服务器通过构造虚假 DNS 请求向全球数量巨大的开放 DNS 服务器发起请求，开放 DNS 服务器产生响应后发送到被攻击服务器。

防御思路：在小流量分布式拒绝服务攻击时，通过上层设备（如防火墙）过滤非法的 UDP 数据进行清洗；在遭受大流量分布式拒绝服务攻击时，与电信运营商合作，在源头上或者运营商互联的接口上进行清洗。

10.3.2 防御分布式拒绝服务攻击示例

以服务器防护场景为例，介绍如何配置 DDoS 攻击防范。

FW 部署在内网出口处，企业内网部署了 Web 服务器。经检测，Web 服务器经常受到 SYN Flood、UDP lood 和 HTTP Flood 攻击，为了保障 Web 服务器的正常运行，需要在 FW 上开启攻击防范功能，用来防范以上三种类型的 DDoS 攻击。攻击防范组网图，如图 10-14 所示。

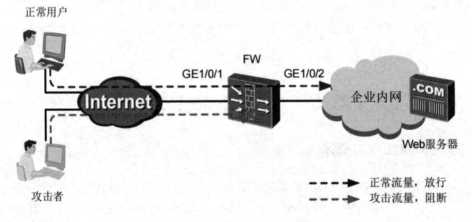

图 10-14　DDOS 攻击组网图

配置思路：

（1）在 FW 连接外网的接口 GE1/0/1 上启用流量统计功能（绑定接口 GigabitEthernet 1/0/1），对外网访问企业内网的流量进行统计；

（2）为了合理设置 DDoS 攻击防范的阈值，需要在 FW 上开启阈值学习功能，为了配置方便，同时启用自动应用功能；

（3）在 FW 上开启 SYN Flood、UDP Flood 和 HTTP Flood 攻击防范功能。各攻击防范对应的阈值先采用默认值，待阈值学习功能完成阈值学习后系统会自动应用学习结果。